装备电池技术管理

主编　马飒飒　冯娟　耿斌　宋政湘

西安电子科技大学出版社

内 容 简 介

本书介绍了电池的发展历史和在装备中的应用情况，并对电池的基本组成、相关术语、工作原理、规格与型号标志和相关标准等基础知识进行了重点阐述，在此基础上，分别对各类型装备电池的使用与管理、储存与运输、技术检查与质量评定、维护与修理、回收与利用等技术管理工作进行了详细论述，并对部队充电间的建设内容和管理规定进行了简要介绍，最后给出了电池技术的发展展望。

本书可作为军队相关装备保障院校及研究院所的装备技术管理辅助教材，也可作为陆军部队开展专项技能培训的指导用书。

图书在版编目(CIP)数据

装备电池技术管理/马飒飒等主编. --西安：西安电子科技大学出版社，2024.1
ISBN 978-7-5606-7115-4

Ⅰ. ①装…　Ⅱ. ①马…　Ⅲ. ①电池—技术管理　Ⅳ. ①TM911

中国国家版本馆 CIP 数据核字(2023)第 233485 号

策　　划　刘小莉
责任编辑　刘小莉
出版发行　西安电子科技大学出版社(西安市太白南路 2 号)
电　　话　(029)88202421　88201467　　邮　　编　710071
网　　址　www.xduph.com　　电子邮箱　xdupfxb001@163.com
经　　销　新华书店
印刷单位　西安日报社印务中心
版　　次　2024 年 1 月第 1 版　2024 年 1 月第 1 次印刷
开　　本　787 毫米×960 毫米　1/16　印张　11
字　　数　191 千字
定　　价　45.00 元
ISBN 978-7-5606-7115-4/TM
XDUP 7417001-1

本书编委会名单

前　言

在现代条件下，电能是各种军事行动中重要的能源形式之一。各种电池是装备电源的重要组成部分，可以为装备和军事基地提供电能支撑。随着作战方式的转变和装备的迭代更新，装备电池已从传统意义上的配套物资上升为军事行动的战略物资，其重要性日益凸显。

目前装备电池以通用电池为主，主要类型有碱性锌锰干电池、铅酸蓄电池、镉镍/镍氢蓄电池、燃料电池、热电池、锂离子电池等。随着电池技术的快速发展，新型电池(如固态电池、钠离子电池等)技术逐步成熟，并将进入装备应用领域。各型电池的工作原理不同，应用对象各有侧重。同时，对电池的使用、维护和保养等的要求也不相同。对电池进行必要的维护和保养并准确判断电池状态是保持装备完好性和战斗力的重要基础，正因为此，我们编撰了本书，旨在为装备电池的使用、维护和管理工作提供技术支持。

本书共分 9 章，第 1 章主要介绍了电池的基本概念、发展历史、工作原理和技术特点，并根据装备保障的需求，给出了不同装备配属电池的基本要求和主要类型；第 2 章重点介绍了电池的基本组成、常见术语、工作原理和命名标准，并给出了与电池相关的各类标准；第 3 章详细阐述了装备电池基本的充放电要求和充放电方法及干电池的使用要求；第 4 章主要介绍了装备电池的储存与运输的基本要求；第 5 章重点介绍了装备电池的技术检查，并给出了电池的质量评定方法和不同电池的报废标准；第 6 章重点介绍了装备电池常见的损坏机理和维护与修理方法；第 7 章简要介绍了装备电池的回收与利用；第 8 章围绕部队智能化充电间建设，重点阐述了充电间建设的基本要求、建设内容等，给出了典型建设案例，并明确了充电间的操作使用等相关管理规定；第 9 章对电池技术的发展趋势和新型电池进行了概括性介绍。最后以附录形式介绍了某型装备铅酸蓄电池技术手册的节选内容。

本书由马飒飒、冯娟、耿斌和宋政湘共同编撰，由马飒飒统稿。方东兴、毛向东、赵天驰、刘海涛、刘家儒、孟锦豪、庞哲远、谢大兵、周斌、徐超、孙晶、高润冬、康科等提供了大量有价值的参考资料，并参与了本书的文献检索、内容编辑和图文校对等工作。本书是在总结了相关科研人员多年来的实际工作经验和科研教学成果的基础上编撰完成的，在此对从事装备电池领域研究的专家和同行致以崇高的敬意，同时感谢西安电子科技大学出版社编辑对本书出版的大力支持和帮助。

鉴于编者对装备电池相关领域知识的研究深度存在局限性，书中难免有不足和谬误之处，诚挚地希望专家、读者给予批评和指正。

编　者

2023 年 6 月

目　录

第1章 概 述

电池是重要的电能储存载体。本章从电池的基本概念出发，主要介绍锌锰干电池、锌银电池、锂原电池等一次电池和碱性蓄电池、铅酸蓄电池、锂离子电池、燃料电池等二次电池的发展，并介绍不同类型电池在装备中的应用情况。

1.1 电池简介

电池(Battery)是指用于存储电能的特定载体，是利用装载在特定结构体中的电解质与电极，通过两者之间的化学反应，将化学能转化为电能的装置。电池一般具有正极和负极，通过两极输出直流电能供给负载，目前所有的电池都是直流输出。电池组如需输出交流电能，则需利用电力电子变换装置的逆变电路来实现。

随着科技的进步，电池的种类大幅度增加，如太阳能电池等新型发电装置也归为电池之类，因此电池当前的定义范围通常泛指能产生电能的小型装置，而不仅仅局限于传统的电能载体模式。

电池的历史非常古老。最早的伏特电池是1799年由意大利物理学家A. Volta教授发明的。伏特电池的原理非常简单，准备若干个玻璃杯，在这些玻璃杯中倒入稀硫酸，将这些杯子排在一起，然后在每个杯子中装一块锌片和铜片，再将前一个杯子中的铜片和后一个杯子中的锌片用导线连接起来，两端用导线输出后，就构成了最早的电池——伏特电池堆，这也是现代电池的鼻祖。

随着对电池研究的深入，再加上材料科学的快速进步，18世纪后叶到20世纪陆续出现了各种电池，从不能充电和不能重复使用的一次电池到可以反复充电的二次电池，二次电池又从碱性蓄电池、铅酸蓄电池到锂离子电池，电池种类迅速增加，其应用也越来越广泛。

进入21世纪后，由于对传统化石能源枯竭的担忧和环境保护压力的双重因素，能源结构从煤、石油等化石能源为主体向风、光、水、核等新能源为主体快速转变，电动汽车、轨道交通等交通行业以及光伏、风力发电等电力行业大量需要电池进行电能存储，以满足能源结构调整和我国“双碳”目标达成的需要，因此电池的发展进入快速期。仅以锂离子电池的产量为例，2010 年，中国锂离子电池的产量约为 20 亿只，总容量只有几个 GW·h(吉瓦时)，产值约为 180 亿元人民币；2021 年，锂离子电池的产量增加到 324 GW·h，产值约为 6000 亿元。不仅电池产量快速增加，电池类型也在快速增多，如燃料电池、钠离子电池、液流电池、钠硫电池、金属空气电池等适应不同需求的新型电池快速涌现，并投入实际应用。传统电池如铅酸蓄电池、锂离子电池的改性升级也大幅度促进了电池的应用。目前电池的研发与应用已经成为能源、汽车、装备等多个领域最重要也是最有活力的发展方向。

1.2 电池的发展历史

现代电池通常按照电池性能分为一次电池、二次电池和燃料电池等。一次电池就是指一次性使用的电池；二次电池也称为蓄电池，可充电后重复使用；燃料电池也称为连续电池，是指不断补充化学活性材料并输出电能的电池。下面将分别介绍每种电池的发展历史。

1. 一次电池

一次电池(Primary Battery)是指电池使用完后，无法再补充电能反复使用的电池。虽然无法反复使用，但是一次电池由于方便易用、成本低廉，因此并不会被可充电电池所取代，应用规模仍然很大，特别是在便携装备中占有非常高的比例。常见的一次电池有锌锰干电池、碱性锌锰干电池、锌-氧化银电池和锂原电池等。

1）锌锰干电池和碱性锌锰干电池

1868 年，法国人 G. Leclanche 首先发明了碳锌电池，他采用二氧化锰和碳粉作正极粉料，压入多孔陶瓷的圆筒体中，在圆筒体中插入碳棒作正极，采用 20%氯化铵水溶液作为电解液，在电解液中再插入锌棒用作电池负极，这种电池由于采用了溶液因此被称为湿电池。由于其使用携带不方便，1887 年，英国人 W. Hellesen 发明了最早的干电池，将氯化铵水溶液改为氯化铵、氯化锌、石膏和水合成的糊状物，并将锌片做成圆筒形作为电池的容器，最后用石蜡封口。后来，W. Hellesen 又将面粉和淀粉作为电解质溶液的凝胶剂。W. Hellesen 的这些改进使电池的便携性大大提高，为这种电池的工业化生产和广泛使用打下了良好的基础。在 1890 年前后，这种干电池在全世界范围内投入工业化生产。

进入20世纪，电池工艺进一步发展。1923年，采用乙炔黑代替石墨粉，使电池容量提高了40%～50%。1945年，电解二氧化锰在电池中的应用使锌锰干电池的放电性能有了较大的提高。然而，随着时代的发展，普通锌锰干电池已不能满足市场的需求。

到20世纪50年代中期，W. S. Hesbert制成了商业化的碱性锌-二氧化锰电池，研究显示，碱性锌-二氧化锰电池能够提供更高的电流和安时容量。此后，随着电子工业的飞速发展，碱性锌锰干电池由于具有价格便宜、材料容易获得、低温性能优良、容量大、储存性能好、防漏性能好、对环境友好等优点，其应用越来越广泛，并逐步渗透到国民经济的各个方面。

但是，当时电池的用汞量大，汞含量达2%～6%。20世纪80年代末随着人们环保意识的增强，掀起了无汞碱性锌锰干电池的研究热潮；到90年代中期，无汞碱性锌锰干电池进入了市场。欧共体于1991年5月以文件的形式要求各成员国制定相应的法律，限制电池的含汞量在0.025%以下。我国于1997年12月发布了《关于限制电池产品汞含量的规定》。在此背景下，无汞绿色碱性锌锰干电池成为研究的重点。

同酸性电池相比，碱性电池容量高、性能好，适合于连续工作。未来碱性锌锰干电池的研究将集中在高功率、重负荷放电性能和电池容量的提升以及储存寿命的延长上。

2）锌-氧化银电池

18世纪末，A. Volta首先开始了锌银电池的研究，他所设计的Zinc-Silver Oxide体系的理论能量密度高达300 W·h/kg，实际能量密度也达到了110 W·h/kg，当时被公认是能量密度最高的电池。1883年，C. L. Clarke在理论上描述了第一只完整的碱性锌-氧化银电池。1887年，A. Dun、F. Hasslacher等人在此基础上发明了最早的碱性锌-氧化银电池，但受到当时的材料、结构工艺等限制，电池并未进入到实际应用环节。直到1941年，法国的H. Andre教授用半透膜作为电池隔膜，多孔锌电极作为电池的负极，浓度为40%～45%的氢氧化钾溶液作为电解液，制造出了一种具有实际应用价值的锌-氧化银电池。从此，锌-氧化银电池进入了实际应用之中。

1950年至1960年间，航天飞行器、火箭、导弹等技术的飞速发展促进了锌银一次电池的发展。由于这种电池具有可靠性高和安全性好的突出优点，世界各国包括美、英、法、德、日、意等和我国都开始了锌银电池的研制和使用。但是锌银电池以贵金属银作为正极的原材料，因此锌银电池制造成本高，限制了其应用范围，主要用于某些特殊领域，如导弹和鱼雷发射电源、航空飞机的启动和应急电源、航天领域的运载火箭和人造卫星电源等，很难推广到普通民用领域以替代锌锰干电池。锌银电池也曾用于电子手表、助听器、电视机和摄影仪等，但是目前基本被锂电池取代。

3）锂原电池

锂原电池又称锂一次电池，锂原电池的研究开始于20世纪50年代，在70年代实现了军用与民用。

由于锂金属是比重小、电极电势极低的金属材料，理论上锂电池体系能获得最大的能量密度，因此锂金属也成了电池设计的重要选择材料。1958年，W. S. Harris提出采用有机电解质作为锂金属原电池的电解质。1962年，洛克希德公司的J. E. Chilton和G. M. Cook提出“锂非水电解质体系”的设想，锂电池的雏形由此诞生。

1970年，日本与美国同时独立合成出新型正极材料——碳氟化物，作为锂原电池正极。1973年，氟化碳锂原电池在松下电器公司实现量产。1975年，三洋公司采用Li/MnO_2成功开发出另一种锂原电池。1978年，锂-二氧化锰电池实现量产并进入市场。

锂原电池具有高电压、高比容量和高比能量的突出特点，锂原电池的理论能量密度是锂离子电池的两倍以上。对比其他传统化学原电池，锂原电池具有能量密度高、使用寿命长、电压平台相对稳定、易维护等优势。

锂原电池在人们的生产生活中发挥着不容忽视的作用，如在环境恶劣或者环境温度异常等不便充电的情况下使用，在不能经常维护的电子仪器设备上使用。因此，锂原电池被广泛用于便携式电子设备、汽车产品、可穿戴设备、医疗设备、军事设备、航空航天航海设备等。

2. 二次电池

二次电池(Secondary Battery)又称可充电电池或二级电池、蓄电池。这种电池的特点是可以多次循环充放电，一般循环的次数超过200次，多的可达几千次。二次电池由于可以反复使用，因此既可以用于大量便携式设备或装备中，也可以作为电动汽车、电力储能装备的电源使用，是目前产量最大的电池形式。二次电池的负载能力一般强于一次电池，输出电流要比大部分一次电池高。已经规模应用的二次电池主要包括碱性蓄电池、铅酸蓄电池、锂离子电池等。这几种电池的主要发展历史如下所述。

1）碱性蓄电池

碱性蓄电池是以碱性溶液(如氢氧化钠、氢氧化钾)为电解液的蓄电池，包括镉镍蓄电池、锌银蓄电池、镉银蓄电池、锌镍蓄电池等，目前最主要的是镉镍蓄电池和锌银蓄电池。

（1）镉镍蓄电池。

1899年，W. Jungner开发了开口型镉镍蓄电池，几乎与此同时，T. Edison发明了用于电动车的镍铁电池，但是这些电池由于原材料过于昂贵，因此实际应用受到了极大的限制。

1932年，镉镍蓄电池中开始使用活性物质。1947年，密封型镉镍蓄电池研制成功。密封型镉镍蓄电池效率高、循环寿命长、能量密度大、体积小、重量轻、结构紧凑，并且不需要维护，因此在工业和消费产品中得到了广泛应用。

镉镍蓄电池由于其化学特性的原因，如果未用完电量就充电，会发生“镉中毒”现象。具体表现为：电池“记忆”了“最低电量”，导致下次充满电后的电量缩小。此外，负极材料镉有毒性，对环境污染严重。

由于环保意识的提高，镉镍蓄电池产能逐渐收缩。欧盟在2005年7月1日起停止了常规镉镍蓄电池的进口和生产，并用镍氢电池取代。镍氢电池性能与镉镍蓄电池极其相似，但其具有更高的能量密度、更高的容量、能承受更大的充放电电流、无记忆效应、无镉污染等优点，因此它是镉镍蓄电池理想的替代品。

我国产业政策也逐步限制生产使用镉镍蓄电池，镉镍蓄电池逐渐被镍氢电池、锂离子电池替代。

（2）锌银蓄电池。

锌银蓄电池是在一次电池的基础上产生的。第二次世界大战时期，随着新军事武器和装备对高比功率和高比能量化学电源的需求越来越大，激发了具备高比能量、高比功率及循环寿命长的锌银蓄电池的研制和发展，继而研制出了有限充放电循环和多次充放电循环的锌银蓄电池组。20世纪50年代，首先出现了可充式锌银蓄电池。从1960年开始，锌银蓄电池被广泛应用于导弹、运载火箭、鱼雷、特殊试验艇、深潜救护艇、人造卫星、飞机等的启动和应急电源中。

我国从20世纪50年代开始进行锌银蓄电池的研制及生产，1962年开发出第一款可供军事通信电台使用的锌银蓄电池组。1964年开发出第一款可供地对空导弹使用的锌银蓄电池组。经过半个多世纪的发展，我国锌银蓄电池技术和生产能力已经接近世界先进水平。

2）铅酸蓄电池

铅酸蓄电池是以PbO_2作为正电极活性材料，以Pb作为负电极活性材料，以铅合金导电板栅作为集流体和正负电极活性材料的载体，以能够导通离子的绝缘材料作为正负电极之间的隔板，以一定浓度的硫酸溶液作为电解质溶液的一种二次电化学储能装置。

1859年，法国人P. Gaston制作了世界上公认的第一个铅酸蓄电池模型装置。这种模型装置使用两片纯铅板作为电极，使用亚麻织物将两片纯铅板分离，并将它们浸渍在含有10%硫酸溶液的玻璃器皿中。1881年，C. Faure通过混合红丹、硫酸溶液和蒸馏水来制备铅膏，并将其涂覆在薄铅板上，用铅膏取代纯铅板作为铅酸蓄电池的正负极。1882年，建立了公认的铅酸蓄电池化学反应方程式。1890年，出现了最早的管式铅酸蓄电池。

进入20世纪后，铅酸蓄电池的应用催生了很大的需求。一是铅酸蓄电池开始作为汽车的启动和照明电池，二是电话行业普遍采用铅酸蓄电池作为通信设备的备用电源。在铅酸蓄电池被广泛商业化的早期，电池都是富液敞口的，电解液中的水会逐渐蒸发，使电解液的酸浓度改变，这要求在电池使用过程中添加适量的水或者稀硫酸以对电池进行维护，给电池的使用带来了麻烦。1970年，出现了贫液式结构的阀控式铅酸蓄电池（Valve Regulated Lead Acid Battery，VRLA电池）。阀控式铅酸蓄电池作为现在最常用的铅酸蓄电池，具有免维护、全密封、不漏酸、不释放酸雾等优点，得到了非常广泛的应用和迅速的发展。20世纪80年代后，世界各国都将VRLA电池作为主流铅酸蓄电池，将其广泛应用在工商业、军事等领域。

经过一百多年的发展，铅酸蓄电池已经形成了一个庞大的二次电池体系。未来铅酸蓄电池的重点将朝高循环寿命、高充放倍率等方向发展。

3）锂离子电池

锂离子电池一般是用锂合金金属氧化物作为正极材料，用石墨作为负极材料，用钾盐、有机溶剂和添加剂作为非水电解质的电池。

锂离子电池的发展时间并不长。20世纪80年代，国外首先提出以可嵌入式材料替代金属锂作为电池负极材料，体系中锂离子可往返嵌入、脱出，这种电池被形象地称为“摇椅电池”，这也是锂离子电池产生的基础，这种模式避免了金属锂作为电池负极形成锂枝晶所引发的安全问题。

1991年6月，日本索尼公司推出第一块商品化锂离子电池，标志着电池工业的一次革命。1997年，美国报道了磷酸铁锂材料。随后磷酸铁锂离子电池出现在市场上，其特性可以满足动力锂离子电池的要求，在容量、循环性能和安全性方面都明显提高。21世纪开始，锂离子电池的发展进入了快车道，三元锂离子电池、钴酸锂离子电池、锰酸锂离子电池等新型锂离子电池不断出现，磷酸铁锂离子电池的性能也在不断提高。目前，各种锂离子电池在交通、工业、军事、消费等领域得到了越来越广泛的应用，并成为电池的主流产品。

综上，锂离子电池由于其结构特性，相比传统的二次电池，具有比能量高、无记忆效应、工作电压高以及安全、寿命长等特点。但是在实际应用中，锂离子电池还存在能量密度较低、倍率性能不够及一致性较差等问题，容易产生安全隐患，因此需要实施电池的监控和保护。未来，锂离子电池将向着高能量密度、高倍率性能和高安全性方向发展，包括采用金属锂作为负极材料、嵌入式化合物作为正极材料、固态聚合物作为电解质的固态锂离子电池，以及发展锂-硫电池、锂-空气电池等。

3. 燃料电池

燃料电池(Fuel Battery)是一种把燃料在氧化还原过程中释放的化学能直接转换成电能的装置，基本结构如图1-1所示。与蓄电池不同的是，燃料电池可以从外部分别向两个电极区域连续地补充燃料和氧化剂而不需要充电。燃料电池由燃料(例如氢气、甲烷等)、氧化剂(例如氧气、空气等)、电极和电解液等四部分构成，其电极具有催化性能，且为多孔结构，能够保证较大的活性面积。工作时将燃料通入负极，氧化剂通入正极，它们各自在电极的催化下进行电化学反应以获得电能。

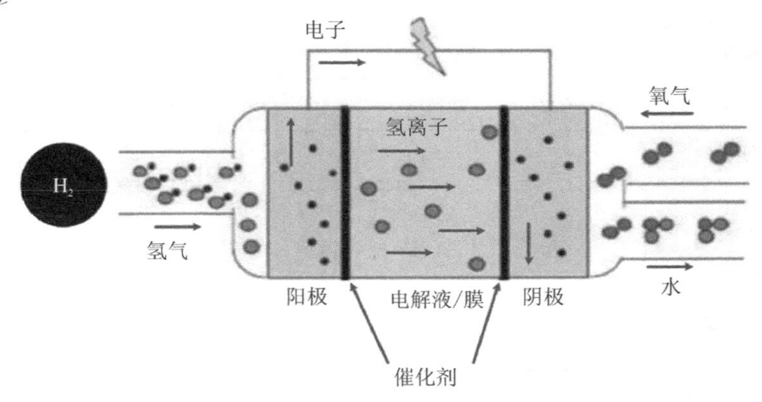

图1-1　燃料电池的基本结构图

按照燃料的来源不同，燃料电池可分为三类：直接式燃料电池、间接式燃料电池和再生式燃料电池。直接式燃料电池是直接用纯氢气作为燃料。在间接式燃料电池应用中，供给燃料的有机液体燃料和气体燃料必须经过进一步处理后，才能成为燃料电池的燃料，比如间接式燃料电池可通过重整方式将甲烷、甲醇或者其他烃类化合物转变成氢气(或含氢气的混合气)后再供应给燃料电池发电。再生式燃料电池是把燃料电池反应生成的水经过某种方法分解成氢气和氧气，再将氢气和氧气重新输入燃料电池中发电。

按照电解液的种类不同，燃料电池可分为以下五种类型：碱性燃料电池(AFC)、固体氧化物燃料电池(SOFC)、磷酸型燃料电池(PAFC)、熔融碳酸盐燃料电池(MCFC)和质子交换膜燃料电池(PEMFC)，它们的性能参数比较如表 1-1 所示。

表 1-1 燃料电池性能参数比较

电池类型	AFC	SOFC	PAFC	MCFC	PEMFC
阳极催化剂	Pt/Ni	Ni	Pt/C	Ni/Al	Pt/C
阴极催化剂	Pt/Ag	$Sr/LaMnO_3$	Pt/C	Li/NiO	Pt/C
电解质	碱性溶液	固体氧化物	磷酸盐溶液	熔融碳酸盐	质子交换膜
导电离子	氢氧根离子	氧离子	氢离子	碳酸根离子	氢离子
效率/(%)	45～60	50～60	35～60	45～60	35～60
启动时间	几分钟	>10 小时	2～4 小时	>10 小时	几十秒
寿命/($\times 10^3$ h)	10	20～90	80～130	20	60～80
工作温度/℃	50～100	700～1000	150～200	600～700	90～100
输出能量水平/kW	10～100	1～2000	100～400	300～3000	<1～100
腐蚀性	强	弱	弱	强	无
燃料	纯氢	氢气、天然气、煤气	甲醇、凝固汽油、轻油	天然气、重整气体	纯氢
应用领域	军事、太空	厂用电、电力设施	分布式发电电力公司	区域供电分布式发电	便携电源、交通、特种运输

燃料电池的发展历程如图 1-2 所示，最早可追溯至 19 世纪初期，德国化学家 F. S. Christian 在 1838 年发现了燃料电池效应，即铂电极上氢和氧的反应会产生电流，从此打开了燃料电池研究的大门。1839 年，英国科学家 W. R.

Grove首次将封有铂电极的玻璃管和硫酸电解质组装成世界上第一个燃料电池，即氢-氧燃料电池。之后随着对燃料电池研究的逐步深入，越来越多不同类型的燃料电池逐渐进入人们的视野。20世纪60年代，美航天局在登月飞船上利用燃料电池来提供动力才展现了其潜在的应用价值。1921年德国E. Baur研究小组制造了第一个熔融碳酸盐燃料电池。1965年，美国GE公司采用杜邦公司生产的全氟磺酸型质子交换膜组装的燃料电池持续工作超过了57000小时。2000年后，随着氢能的崛起，氢燃料电池受到重视而快速发展，如质子交换膜燃料电池具有启动时间短(约1分钟)、操作温度低(<100℃)、结构紧凑、功率密度高等优势，成了研究的热点。

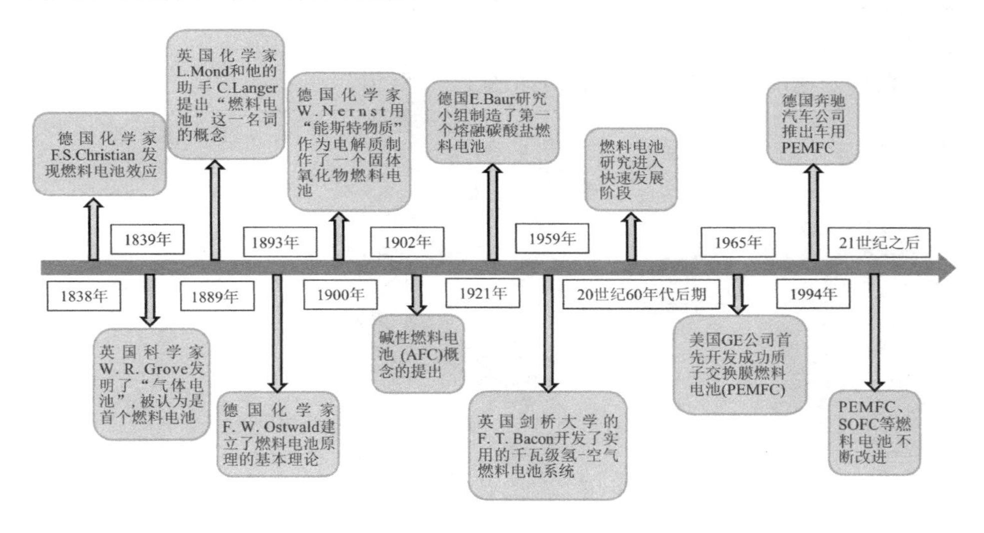

图1-2 燃料电池发展历程

燃料电池的主要优点如下：

(1) 高能量转化率。燃料电池电能转换效率达到50%～60%，无论在哪种工况下运行，无论设备大小，都有较高的电效率。

(2) 燃料多样性。燃料电池可节约石油等不可再生能源。

(3) 负荷响应快。燃料电池运行质量高，具有很强的过载能力。

(4) 污染性小。与天然气和煤燃烧时相比，燃料电池对环境较为友好。

燃料电池现阶段也存在一些缺点，例如：

(1) 造价昂贵。由于没有大规模产业化，电堆关键材料及核心组件价格昂贵，致使燃料电池造价较高。

(2) 燃料安全性差。如氢气在空气中的体积浓度在4.0%～75.6%之间时，遇到火源容易发生爆炸。

燃料电池的应用可分为三大类：便携式应用、固定应用和运输应用。

(1) 在便携式应用中，燃料电池可以在类似于相机和手机等便携式设备中使用。

(2) 在固定应用中，燃料电池可以在特定位置作为主要电源或备用电源，或在冷热电联供系统中提供热能和电能。

(3) 燃料电池可广泛用于运输应用，例如用于公共汽车、商用车辆、重型车辆、材料搬运车辆、越野车、客车和船舶等。2022年，丰田销售了超过3900辆燃料电池汽车。截至2023年底，世界最大的燃料电池叉车企业Plug Power，客户拥有超过4.5万辆燃料电池叉车，每日使用液氢40吨。

燃料电池的主要应用领域总结如图1-3所示。

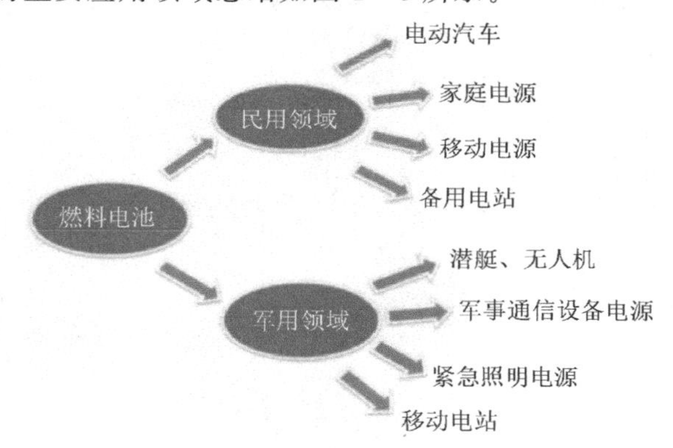

图1-3 燃料电池的主要应用领域

《中国制造2025》中明确提出了燃料电池汽车发展规划，将发展氢燃料电池提升到了战略高度。预计到2050年，我国燃料电池系统的体积功能密度将突破6.5 kW/L，其中在乘用车中的使用寿命将大于10000 h，在商用车中的使用寿命将大于30000 h，而固定式电源寿命将大于100000 h。低温启动温度将降至零下40℃，燃料电池系统的成本最低可以达到300元/(kW·h)。但目前燃料电池仍然面临生产成本(电解质、催化剂等基础材料)、结构紧凑性、耐久性及寿命等方面的挑战。

1.3 电池在装备中的应用

电能是现代条件下各类军事行动不可或缺的重要能源。由于信息化条件下大量投入战场的武器装备都必须依靠电能才能维持运转，因此装备对电能需求呈现快速增长的趋势。从军事能源发展趋势来看，电能源必将成为未来战争的主导能源。

各种电池是军用电能源的重要组成部分，是为装备和军事基地运行提供电能的装置，广泛应用于单兵手持、便携或背负装备，上装设备，军用车辆，固定台站，军事基地舰艇，水中兵器，航空器，航天器，弹药等武器装备中，为其提供电能保障。随着各种高科技武器装备的更新，越来越多的装备都采用电力驱动，比如单兵可穿戴设备、无人机、AIP潜艇、新型制导武器等等，同时随着武器装备信息化建设的深入，军用电池在战争中的地位和作用越来越重要，已成为和弹药、燃料、给养等同等重要的战略物资，其性能好坏、质量优劣、保障难易，在一定程度上决定着武器装备的整体作战性能。

军事装备、基地等所用电池既有通用的要求，如高容量、长寿命、低成本等，根据其特殊性也有高安全性、高可靠性和高环境适应性等要求。高安全性是指在高强度的冲击和打击时，电池要保证安全，不会造成人员伤亡；高可靠性是指电池在使用时有效可靠；高环境适应性是指在不同气候条件、高强度电磁环境、高/低气压环境、高放射环境以及高盐分环境下均能正常使用。目前，根据电池在装备中的作用和用途，可以将装备中的电池分为两个大类：通用电池和专用电池。

其中，通用电池是指在装备或部队基地中大量使用，且使用过程中允许更换或互换使用的电池。通用电池是军用电池的主要形式，其用量占绝对优势。通用电池分为设备供电电池、车辆启动电池两个大类。设备供电电池分为携行电池、上装电池和台站电池三个大类。其中，携行电池主要为单兵手持、便携或背负装备提供电能；上装电池主要为装备的各种上装设备(电台、手持终端等)提供电能；台站电池主要为地面站、基地等站点系统的电子设备或生活提供电能(含UPS不间断电源用电池)。车辆启动电池主要为各种军用车辆启动提供电能。

专用电池是指专门为特定装备供电设计，特别是针对一些对形状、尺寸、工作环境等有特殊要求(如空天环境等)的场合，用量少且无法通用替换的电池类型。这些电池主要运用在导弹、潜艇动力、航空航天等特种装备领域，由于这些装备的使用条件和要求比较特殊，电池的材料和结构尺寸等都需要特殊设计和制造，很难通用。

目前在装备中主要应用的电池包括碱性锌锰干电池、铅酸蓄电池、镉镍/氢镍蓄电池、燃料电池、热电池、锂离子电池等，这些电池在装备中的应用方向各有侧重。

碱性锌锰干电池是一次电池，在军事装备中，因其使用方便、性能优良、储存期长被作为装备的配套器材。尤其在军事通信装备中被广泛应用，作为战术电台、野战电话、终端设备等的配套电源，也可以用在电源功耗低的照明具、电话单机、炮兵射击诸元计算器、轻武器用瞄准镜、信息时钟数据保持电路中。

镉镍/氢镍蓄电池主要用于通信设备、电子设备，也是装甲车辆、飞机发动机的启动或应急电源用电池。由于镉镍/氢镍蓄电池所使用的原材料中含有镉，因此该电池逐步被氢镍蓄电池所取代，氢镍蓄电池的基本特性及应用与镉镍蓄电池基本一致。

铅酸蓄电池是装备电池用量较大的一种，主要用作车辆、船舶、坦克、装甲车的启动电源、潜艇的动力电源、通信和照明装备的不间断电源等。

锂离子电池是目前另一种用量较大的装备电池，也是装备电池发展的重要方向。锂离子电池主要用作单兵电台电源、便携式设备电源、军用机器人动力源、水下航行器动力源、无人小型侦察设备电源，还广泛应用在军事基地和野外环境下的储能电源系统，另外潜艇的动力源也开始采用锂离子电池。

燃料电池发展潜力大，未来应用需求大，但由于发展时间短，因此电池用量并不是很大，主要用于单兵系统、动力无人机、战车动力电源等。

热电池是一种比较特殊的电池，主要用于导弹、火箭的控制设备，炮弹、炸弹的引信等，是一种一次电池。

未来，随着军事行动中对电池需求的进一步增加和电池关键技术的突破，电池在军事领域将有更广泛的应用前景。

第 2 章　电池的基础知识

为了使读者对电池的基础知识有所了解，本章首先介绍了电池的基本组成和相关术语，然后重点介绍了典型电池的工作原理、规格型号和选用原则，最后汇总了与电池相关的各类国家(军用)标准。

2.1　电池的基本组成与相关术语

2.1.1　电池的基本组成

电池是借助于成流反应(为了与一般化学反应有所区别，将电池的氧化还原反应称为成流反应)，将所释放出来的化学能直接转化为低压直流电能的装置。一般的电池，在其负极进行失去电子的氧化过程，在其正极进行得到电子的还原过程，以产生电流，同时正负两个电极间具有离子导电物质，而电子的传递过程则需要经过外线路实现。二次电池要求电极可进行正、反向电化学反应，并在电池内部只使用一种电解液，同时放电产物不能溶于电解液中。根据以上定义和要求，电池的基本组成包括以下四个部分。

1. 电极

电极是电池的核心部分，包括正极和负极。它是由活性物质和导电骨架组成的。活性物质是指正、负极中参加成流反应的物质，是电池产生电能的来源，是决定电池基本特性的重要部分。其中，正极活性物质具有较高的电极电势或阴极过程，进行结合电子的还原反应。负极具有较低的电极电势，进行氧化反应或阳极过程。不同电池的正负极材料不同，常见的正极材料有金属氧化物，如二氧化锰、过氧化铅、氧化镍等，还有磷酸铁锂、钴酸锂、碳棒等。负极材料常为比较活泼的金属，如锂、钠、铅或者石墨等。导电骨架能把活性物质和外电路接通并使电流分布均匀，还有支撑活性物质的作用。导电骨架要求机械强度好化学稳定性好，电阻率低，易于加工，可以采用铜、铝等金属材料制成。

2. 电解质

电解质是用于提供电池内部离子导电通路，含有可移动离子并具有离子导电性的液体或固体物质，有的电解质也参加电极反应而被消耗。电解质要求电导率高、欧姆压降小，并具有稳定的化学性质，使电池储存期间电解质与电极的活性物质界面间的电化学反应速率小，以减小电池的自放电容量损失。不同电池的电解质不同。

电解质可以是液体、固体或凝胶体，多数为无机电解质水溶液。另外，固体电解质、熔融盐电解质、非水溶液电解质和有机电解质在电池中也有应用。

3. 电池外壳

电池外壳是用于放置电池正负极和电解质的容器，它将电池内部的部件封装起来，防止其与外部直接接触。一般电池外壳要求能够承受电池电解质或电极材料的腐蚀，并有一定的机械强度。绝大多数电池电极与外壳分离，个别电池直接用电极材料做成外壳，如锌锰干电池的锌既是阴极也是外壳。常见的外壳材料包括金属、各种工程塑料，如尼龙、ABS、聚丙烯等，硬橡胶也可以用作外壳材料。

4. 隔膜

隔膜放置在电池电极之间，防止正、负极间直接接触而短路，同时使极间距离尽可能小，以减小电池内阻。隔膜材料一般由可渗透离子的材料制成，具备较好的绝缘性能和一定的机械强度。常见的隔膜材料包括棉纸、浆层纸、玻璃纤维、微孔橡胶、聚丙烯、微孔塑料等。不是所有的电池都有隔膜，有些特殊的电池如液态金属电池，由于其正极、负极和电解质的重力密度不同，自然分层，就不需要隔膜隔离。

2.1.2 电池的相关术语

1. 容量

电池的容量一般是指在特定放电条件下可以从电池获得的电量，一般用额定容量、剩余容量、实际容量、理论容量等表达，是反映电池存储电量的重要指标，计量单位一般用安培小时(A·h)、毫安小时(mA·h)。

其中，额定容量是指在规定条件下测得的并由制造商标明的电池放电容量。剩余容量是指在规定条件下使用(如放电或储存)后电池中余留的容量。理论容量是在设计电池时根据电池正负极的活性物质计算获得的电池电量，是设计电池的重要参考。实际容量是电池实际工作中释放的电池电量，肯定比理论值小。

电池的容量不是孤立参数，是和很多其他条件相关的参数。比如工作温度、充放电倍率等。一般，工作温度越高或越低都会导致电池的实际容量下降，而电池的充放电倍率也是如此，倍率越高，电池的实际容量越小。

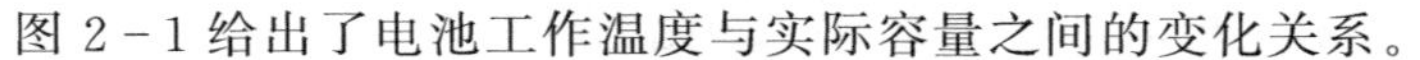
图 2-1 给出了电池工作温度与实际容量之间的变化关系。

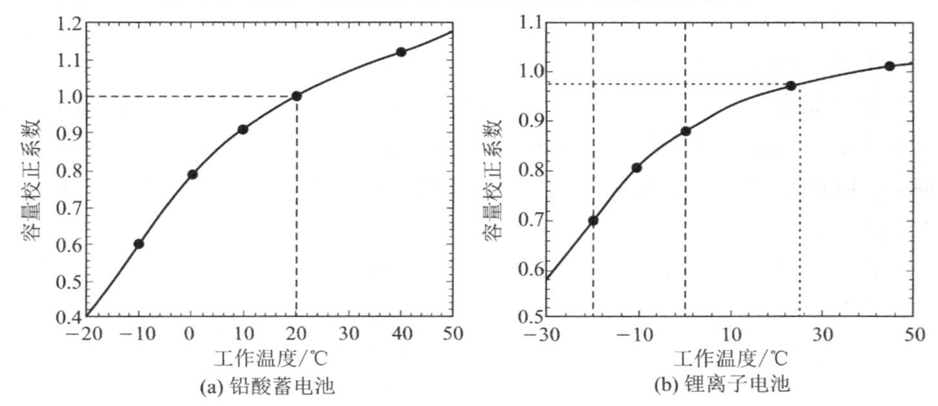

图 2-1　铅酸蓄电池和锂离子电池的工作温度与实际容量之间的变化关系

图 2-2 给出了电池充放电倍率与实际容量之间的变化关系。

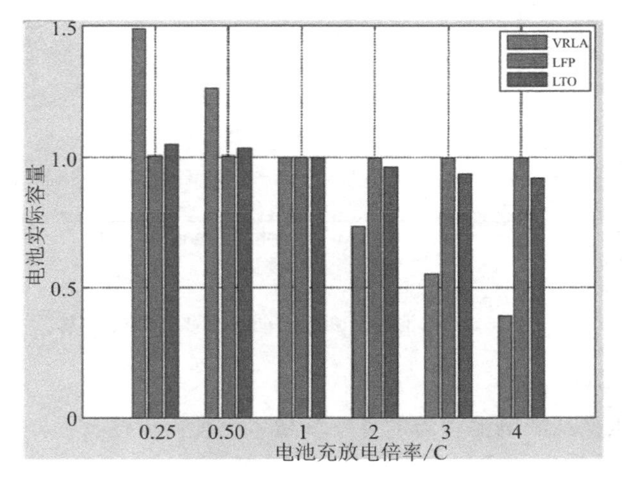

图 2-2　电池充放电倍率与实际容量之间的变化关系

2. 充放电速率

充放电速率是反映电池充放电速度能力的重要指标，有时率和倍率两种表示法。时率是以充放电时间表示的充放电速率，数值上等于电池的额定容量(安培小时 A·h)除以规定的充放电电流(安培 A)所得的小时数。倍率是充放电速率的另一种表示法，其数值为时率的倒数。原电池的放电速率是用经某一固定电阻放电到终止电压的时间来表示。

比如某锂离子电池的额定容量为 20 A·h，其充电倍率为 1C，放电倍率为 0.5C，就意味着，其充电时的电流为 20 A，充电时率为 C1，放电时的电流为 10 A，放电时率为 C2。

电池工作采用的放电速率对其性能的影响较大，特别是对电池实际容量、电池健康状态、电池循环寿命等。一般来说，充放电倍率越高，实际容量越小，对电池健康状态的影响越大，电池的循环寿命越短，因此为了提高电池使用性能，一般都要求尽可能采用低倍率使用电池，但是倍率过低也会导致电池用量大、初始费用高，因此需要进行综合考虑。

图 2-3 给出了不同充放电倍率下电池容量衰减与循环次数之间的关系。

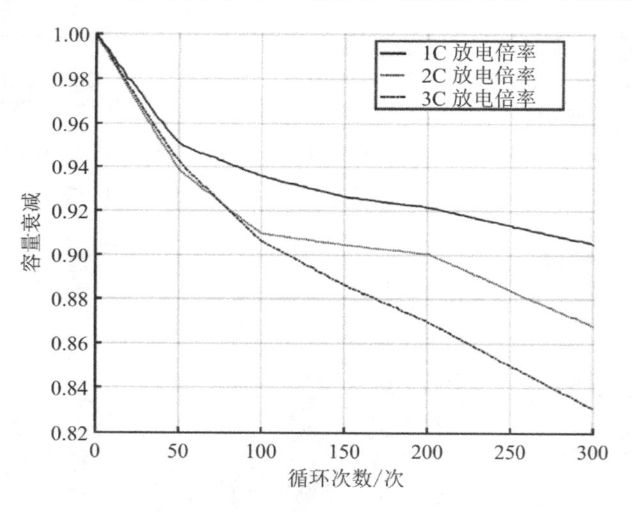

图 2-3 电池容量衰减与循环次数之间的关系

3. 电池电压

电池电压是反映电池状态的重要参量，一般有几种表示方法。

1）额定电压

电池在常温下的典型工作电压，又称标称电压。电池电压随着工作过程而变化，并非一个固定值，因此这里的额定电压并不代表电池一直维持这个电压不变，比如锂离子电池的电压范围是 3.2～4.2 V，标称电压是 3.7 V。

每种电池的额定电压都不相同，可以利用这个电压值区分不同类型的电池。碱性锌锰干电池的额定电压为 1.5 V，铅酸蓄电池的额定电压为 2 V，锂离子电池的额定电压为3.7 V，磷酸铁锂离子电池的额定电压为3.2 V，镉镍蓄电池和镍氢电池的额定电压为2 V。

2）开路电压与工作电压

电池在开路状态下正负两极间的电位差称为开路电压。电池的开路电压等于组成电池正极的混合电动势与电池负极的混合电动势之差，即开路电压的大小取决于正、负电极材料的本征特性，与蓄电池的尺寸和几何结构无关。

工作电压是指有电流通过外电路时，电池两极间的电位差为工作电压。工作电压小于开路电压，一般工作电压等于电池电势减去电池电流与电池的欧姆电阻和极化电阻的乘积。

$$U_{cc}=E-I\times(R_{\Omega}+R_{f}) \tag{2-1}$$

式中：U_{cc}为工作电压，E为电池电势，I是电池电流，R_{Ω}、R_{f}分别为电池的欧姆电阻、极化电阻。从式(2-1)中可以看出，电流、欧姆电阻、极化电阻的变化都会影响电池的工作电压。

3）终止电压

终止电压是指电池在放电时，电压下降到不宜再继续放电时的最低工作电压。

终止电压不是确定的，它和电池的放电电流大小(放电倍率)有关。在低温或大电流放电时，终止电压略低。因为低温或大电流放电时电极极化大，活性物质无法被充分利用，电池电压下降较快。小电流放电时，终止电压略高。因为小电流放电时电极极化较小，活性物质可被充分利用。

4. 比能量

比能量是指电池对外输出能量与电池的重量或体积的比值。重量比能量通常用瓦时每千克(W·h/kg)来表示，体积比能量通常用瓦时每升(W·h/L)来表示。

不同电池的比能量是不同的，这是反映电池的重要指标，比能量越高就意味着电池能量密度越大，更适应对重量、体积要求较高的应用场合，如移动设备、车辆等。比能量一般有理论比能量和实际比能量两种。理论比能量是根据单位重量的电池反应物质完全放电时输出的电能进行计算，实际比能量则是按照单位重量的电池完全放电时输出的电能进行计算，因此理论比能量远比实际比能量小。

以铅酸蓄电池为例，根据参与反应的材料Pb、PbO_2和H_2SO_4可以计算其电化当量$q_{Pb}=3.866$ g/(A·h)；$q_{PbO_2}=4.463$ g/(A·h)；$q_{H_2SO_4}=3.671$ g/(A·h)，电池的电势E=2.044 V，因此可得其理论比能量为

$$W'=\frac{1000}{3.866+4.463+3.671}\times 2.044=\frac{170.5\mathrm{W\cdot h}}{\mathrm{kg}} \tag{2-2}$$

铅酸蓄电池的实际比能量仅为 50 W·h/kg。

5. 比功率

比功率是指电池对外输出功率与电池的重量或体积的比值。重量比功率通常用瓦每千克(W/kg)来表示，体积比功率通常用瓦每升(W/L)来表示。比功率的大小表征电池能承受的工作电流的大小，比功率大，则可用较大的电流放电。

6. 电池内阻与阻抗

一般在测量电池内阻时，测量的多为其欧姆内阻。电池的欧姆内阻值可以反映电池本身的状态，如电池电极被腐蚀的状态。由于电池具有很大的电极—电解质界面面积，故可将电池等效为一大电容与小电阻、电感的串联回路，因此电池内阻实际表现为阻抗特性。电池的阻抗随时间、荷电状态、健康状态和测量频率而变化，所测得的阻抗只对具体的测量状态有效。

根据电池内阻表现为阻抗特性这一特点，可以在不同频率下测量电池的阻抗模值和相角，获得的一系列结果就构成了电池的阻抗谱。典型的铅酸蓄电池电化学阻抗谱如图 2-4 所示。其中，图(a)为 Bode 图，该图中从左到右依次是从低频到高频的阻抗，在低频区阻抗表现为容性，在高频区阻抗表现为感性。图中 Z_{mod} 为阻抗模值，Z_{phz} 为阻抗相角。图(b)为 Nyquist 图，该图中从下到上依次是从低频到高频的阻抗，整体上看，该图由高频段的一条近似直线、中频段的一个近似半圆和低频段的一条斜线组成。图中 Z_{imag} 为阻抗虚部，Z_{real} 为阻抗实部。电池的阻抗谱与其荷电状态、健康状态有密切关系，但是工程应用中不易被获取。

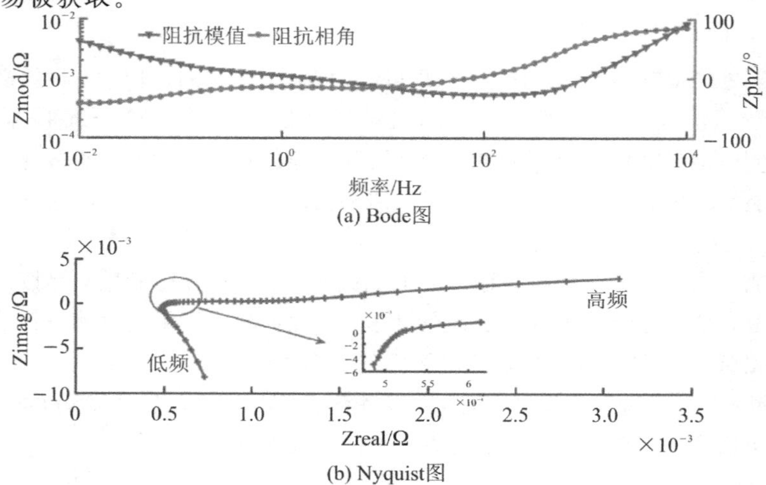

图 2-4　铅酸蓄电池电化学阻抗谱示意图

7. 自放电

电池如果没有连接任何负载，其正负电极处于悬空状态时，电池电量仍然会减小，这主要是由于电池的自放电引起的。自放电是所有电池都具有的现象，其能量未通过放电进入外电路而是以其他方式损失。一般衡量电池的自放电都采用自放电率这个参数指标，自放电率的定义为单位时间内容量降低的百分数。一般来说，二次电池比一次电池的自放电率高，以年为单位，较好的碱性蓄电池自放电容量下降不超过2%。二次电池中，电池的种类不同，其自放电率也不一样，以月为单位，锂离子电池的自放电率为2%～5%，铅酸蓄电池的自放电率按标准规定小于15%。电池的自放电率还与电池的保存环境有密切关系，在一定范围内温度降低，自放电率也会随之降低。

8. 荷电状态与健康状态

1）荷电状态（State of Charge，SoC）

荷电状态也叫剩余电量，指某个指定时刻，电池可用电量与满充状态下可用电量的比值。取值范围为0～1，当SoC=0时表示电池放电完全，当SoC=1时表示电池完全充满。比如锂离子电池的容量为100 A·h，当前该电池存储的电量为80 A·h，则该电池的SoC就是0.8。

SoC反映的是电池当前存储的电量大小，因此决定了电池还能放出或充入多少电量。实际的储能系统工作时，SoC是必须知道的量，该量决定何时停止充放操作。SoC无法直接测量获得，只能通过电池端电压、充放电电流及内阻等参数来估算，所以SoC的估算方法一直是储能系统开发和研究的重点内容。目前，在储能系统中，一般采用安时积分法对SoC进行计算，如下式所示。

$$\mathrm{SoC}(t)=\mathrm{SoC}(0)-\int_0^t \frac{\eta \cdot I(t)}{Q_{\mathrm{Bat}}}\mathrm{d}t \tag{2-3}$$

式中：$\mathrm{SoC}(t)$为t时刻的SoC值；$\mathrm{SoC}(0)$为SoC的初始值；$I(t)$为t时刻的电流值；η为电池充放电的库伦效率；Q_{Bat}为电池的容量。

2）健康状态（State of Health，SoH）

电池经过一段运行时间后，通常其容量会有所下降。电池健康状态就是反映容量下降程度的参数，一般定义是电池从充满状态以规定的倍率放电到截止电压，电池放出的电量与其标称额定容量的比值，通常用百分数表示。例如，某铅酸蓄电池的额定容量为100 A·h，经过一段运行时间后其容量下降到80 A·h，则其SoH为80%。

电池的SoH反映出电池当前存储电量的能力。新电池的SoH一般为

100%，随着电池的老化，SoH逐步下降，直到电池不能被使用，电池寿命结束。一般应用中，电动汽车、储能电站等都规定电池的SoH下降到80%则退出服役。与SoC不同，SoH可以通过对电池进行完整的充放电，测试其准确容量获得。但在实际应用中，这种模式很难实施，这是因为在实际应用中很难有一个类似实验室条件下的满充满放的过程。因此，如何利用电压、内阻等参数在实际应用条件下估算SoH也是当前研究的热点问题。

9. 寿命

1）使用寿命与循环寿命

规定应用条件下，电池的有效寿命期限称为电池的使用寿命。使用寿命包括使用期限和使用周期。使用期限是指电池可供使用的时间，使用周期是指电池可供重复使用的次数。对于一次电池而言，只存在使用寿命，是指表征给出额定容量的工作时间(与放电倍率大小有关)。例如某型碱性干电池，其容量为1.5 A·h，放电电流为0.5 A，截止电压为0.9 V，放电时间为1小时，则1小时即为这种电池在该条件下的使用寿命。对蓄电池而言，一般用使用周期表示，是指在一定的充放电制度下，电池容量降至某一规定值之前，电池所能达到的循环次数，也就是通常所说的循环寿命。蓄电池的循环寿命是其重要的工作参数，循环寿命越长电池的性价比越高。

影响蓄电池循环寿命的因素很多，主要包括：电极活性材料的沉积、分解或者发生腐蚀，导致电极活性材料减少或表面积减小；电极上活性物质脱落或转移；电解质由于各种原因导致的总量减少，造成充放电反应不完全，实际使用容量下降；电池的工作放电深度，放电深度越深循环寿命越短；电池应用过程中的电、热滥用，加速电池老化，导致循环寿命下降。

2）储存寿命

电池的储存寿命是指电池在一定的荷电状态和温度下储存后，性能衰减至一定量所用的时间，包括储存期和试用期在内的总期限。储存寿命包括干储存寿命和湿储存寿命两种。一般干储存寿命适用于干电池或者需要加注电解液方可使用的电池，湿储存寿命主要适用于各种蓄电池。电池内部发生的物理、化学或电化学变化均是影响储存寿命的主要因素。

10. 放电深度

放电深度(Depth of Discharge，DoD)是指电池放电时所放电量与额定容量的百分比。电池的放电深度用于衡量已释放电量的大小。如某型电池的额定容量为100 A·h，其工作时的放电量为60 A·h，则其放电深度为60%，如果工作时的放电量为 100 A·h，则其放电深度为 100%。

蓄电池在工作时为了保证其安全可靠同时也为提高其循环寿命，对放电深度都有不同的要求，例如铅酸蓄电池的放电深度多为 30%～50%，最大不能超过 70%，磷酸铁锂离子电池的放电深度则在 60%～70%为最佳。超过电池的最佳放电深度，会大幅度缩短其循环寿命，甚至会影响电池安全。

2.2　电池的工作原理的工作原理

根据目前装备主要使用的电池，本节将重点介绍锌锰干电池、碱性蓄电池、铅酸蓄电池和锂离子电池的工作原理。

2.2.1　锌锰干电池的工作原理

锌锰干电池又称为锌-二氧化锰电池或者干电池，以锌为负极，以二氧化锰为正极，以氯化铵和/或氯化锌的水溶液为电解质，基本结构如图 2-5 所示，其中，碳粉与二氧化锰相混合以改善导电和保持水的能力，圆柱形的碳棒起着集流体的作用。锌锰干电池是一次电池，一旦放电完毕，不能再次充电循环使用。电池放电过程中，锌被氧化，二氧化锰被还原，电池内发生化学反应的总反应式可写为

$$Zn + 2MnO_2 \rightarrow ZnO \cdot Mn_2O_3$$

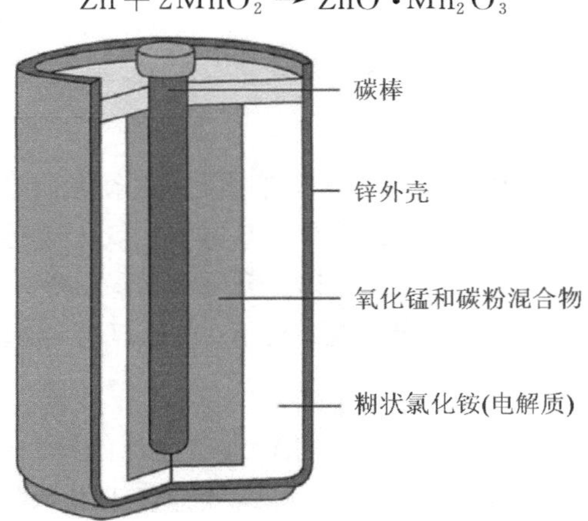

图 2-5　锌锰干电池结构

锌锰干电池的典型放电曲线如图 2-6 所示，可以发现电池两端电压随着放电时间逐渐变化，呈现单 S 型变化趋势。

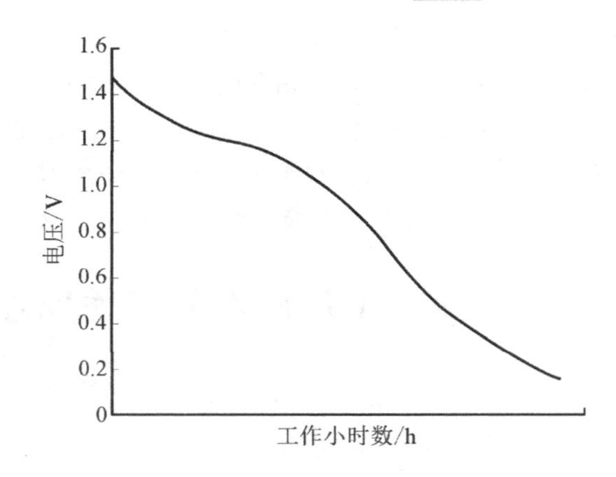

图 2-6 锌锰干电池的典型放电曲线

锌锰干电池可分为勒克朗谢电池、氯化锌电池和碱性锌锰干电池。

1. 勒克朗谢电池

勒克朗谢电池以锌筒为负极，以氯化铵(NH_4Cl)和氯化锌($ZnCl_2$)作为电解质的主要成分，以淀粉浆糊为隔膜，以二氧化锰(MnO_2)作为正极。勒克朗谢电池的配方与设计成本较低，在对电池性能要求较低的使用场合仍然具有实际意义。勒克朗谢电池能够提供 1.5 V 电压，原材料丰富价格低廉，型号多样，且具有安全、易维护、储存寿命长等特点。在快速放电工况下，电池电解质会生成气体，导致电池电压降低，需要增加间歇时间，使电压恢复至原有水平。此外，酸性氯化铵在电池未使用阶段也会与锌电极发生作用，破坏电池外壳。

2. 氯化锌电池

氯化锌电池完全采用纯氯化锌作为电解质，是对勒克朗谢电池的改进，正极仍然为二氧化锰，负极为锌。通过将二氧化锰与电解二氧化锰混合，采用纸板层作为隔膜，涂覆交联或者改性的淀粉糊，可以提升电解质稳定性，支持较大电流放电且放电时长较长。但在−20℃以下的低温条件下，普通锌锰干电池不能工作。

3. 碱性锌锰干电池

碱性锌锰干电池使用锌粉替代了原锌锰干电池的锌壳作为负极材料，使用氢氧化钾(KOH)作为电解质溶液，使得碱性锌锰干电池的比能量和放电电流都能得到显著的提高。由于碱性锌锰干电池的正极为阴极反应不全是固相反应，负极为阳极反应是可溶性的 $Zn(OH)_4^{2-}$，故内阻小，放电后电压恢复能力强。碱性锌锰干电池采用了高纯度、高活性的正、负极材料以及离子导电性强的碱作为电解质，使得电化学反应面积成倍增长。因此，碱性锌锰干电池具有以下特点：① 开路电压可达1.5 V。② 工作温度范围在−20～60℃之间，适于高寒地区使用。③ 大电流连续放电容量是前两类电池的5～7倍左右。④ 低温放电性能好。

以上干电池皆为一次电池，放电过程中电池内阻会逐渐上升，对外电压逐渐下降，放电截止电压为0.9 V。碱性锌锰干电池更耐低温，而且更适合于大电流放电和要求工作电压比较稳定的用电场合。传统锌锰干电池与碱性锌锰干电池的比较详见表2-1。

表2-1　传统锌锰干电池与碱性锌锰干电池的比较

	传统锌锰干电池	碱性锌锰干电池
正极	二氧化锰	
负极	锌筒外壳	锌粉
电解液	氯化锌、氯化铵	氢氧化钾
电池容量	—	传统电池的3～7倍
放电时间	—	传统电池的3～7倍
低温性能	较弱	较好
环境污染	含少量金属镉，有一定污染，需专门处理	无重金属污染
应用领域	家电遥控器、手电筒、玩具、半导体收音机等	数码产品、智能家居、无线安防、户外电子用品、医疗电子仪器等

法国化学家G. L. Leclanche在1860年发明了世界上第一块锌锰干电池。采用低腐蚀性的氯化铵溶液作为电解质，用汞齐锌棒作为负极，并用比例为1∶1的二氧化锰和碳粉作为正极。这种电池由于使用氯化铵溶液生产制造，携带不方便。1900年，巴黎世界博览会上，C. Gassner展示了他设计的第一只“干”电池，促进了锌锰干电池的商业化。20世纪上半叶，“干”电池作为电话、电门铃、玩具、照明器具等多种应用的电源得到广泛使用。21世纪后期，手电、袖珍晶体管收音机、电子表、照相机等仍然需要低成本的锌锰干电池。目前尽管欧美等国对锌锰干电池的需求逐步下降，但全球范围内锌锰干电池仍然是一次电池中使用最广泛的系列。

总体而言，锌锰干电池的优势为应用范围广泛，便于携带，使用方便，品种齐全，工艺稳定，原料丰富，价格低廉，因而能长期保持化学电源产品的主要地位并能持续发展。其中，碱性锌锰干电池耐低温，更适合于大电流放电和要求工作电压比较稳定的用电场合。但是此类电池的比能量低，工作电压稳定性差，尤其在大电流密度放电时更为明显。

随着电动玩具、家用电器、智能家居、家用医疗设备、户外电子设备等应用领域对电池的需求增长，锌锰干电池仍然具有相当的市场需求。相较于碳性锌锰电池，碱性锌锰干电池的反极式电极结构增大了电池正负极间的相对面积。在工作温度方面，碱性锌锰干电池较耐低温，更适用于大电流放电和工作电压较稳定的场景。此外，碱性锌锰干电池无汞、无镉、无铅，绿色环保，不会对环境造成重金属污染。2021 年，中国出口的碱性锌锰干电池、碳性锌锰电池分别为 145.05、144.99 亿只，锌锰干电池出口结构中，碱性锌锰干电池比例持续增加，未来碳性锌锰电池将逐渐被碱性锌锰干电池替代。2021 年，全球碱性锌锰干电池市场规模为 77.6 亿美元，同比增长 1.3%。预计 2028 年全球碱性锌锰干电池市场规模将达 108.6 亿美元，2021—2028 年复合增长率达 4.9%，市场规模预期如图 2-7 所示。

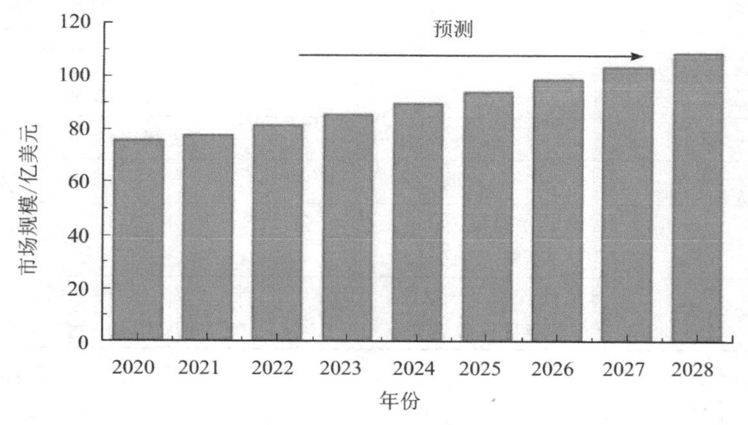

图 2-7　碱性锌锰干电池市场规模预期

2.2.2　碱性蓄电池的工作原理

镉镍蓄电池的正极由氧化镍粉和石墨粉组成，石墨不参与化学反应，其主要作用是增强导电性；负极由氧化镉粉和氧化铁粉组成，氧化铁粉的作用是使氧化镉粉有较高的扩散性，提高导电性，防止晶体生长和聚集。活性物质分别被包在穿孔钢带中，加压成型后即成为电池的正负极板，极板间用耐碱的硬橡胶绝缘棍或有孔的聚氯乙烯瓦楞板隔开。电解液通常用氢氧化钾溶液，在实际应用中也会考虑加入氢氧化锂来改善循环寿命和高温新能。镉镍蓄电池的基本原理如图 2-8 所示。

$$2NiOOH + 2H_2O + Cd \xrightarrow{\text{放电}} 2Ni(OH)_2 + Cd(OH)_2$$

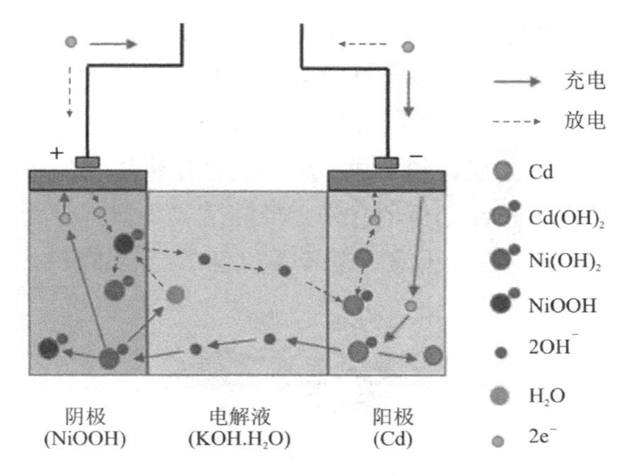

图 2-8　镉镍蓄电池的基本原理示意图

镉镍蓄电池因其碱性的氢氧化物中含有金属镍和镉而得名，氢氧化物分布在电池的正极，充电时为 NiOOH，放电时为 $Ni(OH)_2$，各种类型镉镍蓄电池的电化学机理类似，充放电反应可写为　　放电过程中三价的氧化镍还原为二价的氢氧化镍，金属镉氧化为氢氧化镉，并且伴随着水的消耗，电势为 1.29 V。镉镍蓄电池的充放电电压曲线如图 2-9 所示。

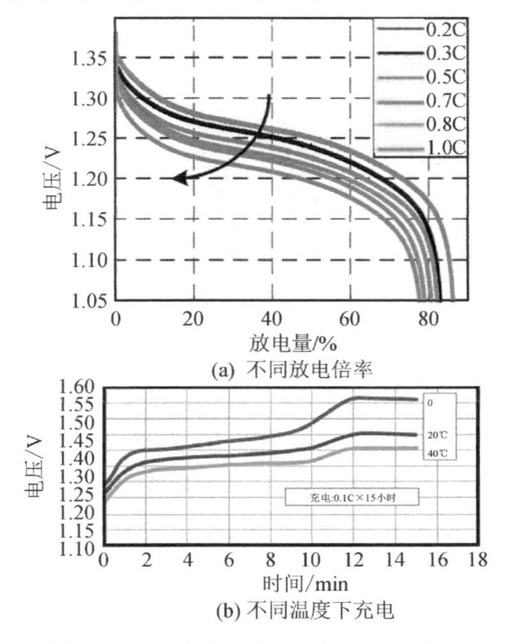

图 2-9　镉镍蓄电池的充放电电压曲线

镉镍蓄电池的规格与种类较多，按照电池结构可以分为：有极板盒式、无极板盒式、双极性电极叠层式等。有极板盒式通常将正负极活性物质，填充在穿孔镀镍钢带做成的袋式或者管式的壳体中；无极板盒式包括：压成式、涂膏式、半烧结式和烧结式等。压成式是由活性物质直接用干粉法压制而成。涂膏式电极将活性物质和黏结剂溶液配成膏状制成。烧结式是先将镍粉制成多孔性镍基板，然后将活性物质填充在多孔性基板的孔中。半烧结式是指正极为烧结式，负极为压成式或者涂膏式。其中，有极板盒式镉镍蓄电池的结构如图 2-10 所示。

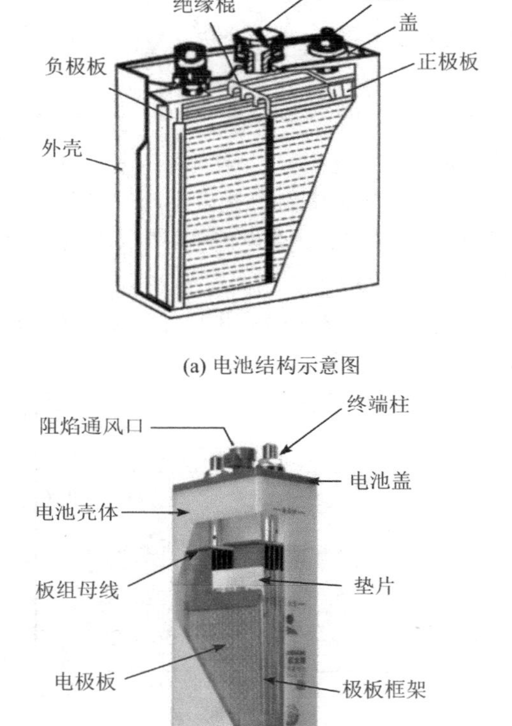

图 2-10 有极板盒式镉镍蓄电池的结构示意图及实物图

镉镍蓄电池是 1899 年由瑞典 W. Jungner 发明的，历经三个主要的发展阶段。20 世纪 50 年代以前，电极结构为极板盒式(或者袋式)，具有放电性能好，使用温度范围宽等优点，电荷保持能力突出，可长时间储存，主要用于铁路、电力开关、远程通信、不间断电源及应急照明等场景，并且可改变极板厚度以适应不同应用的放电倍率要求。为了提升能量密度，50 年代至 60 年代初期，大电流放电的烧结式电池开始受到重视。相比而言，烧结式电池体积比能量高、单体内阻更低、倍率性能高且低温性能优良，更加适用于发动机的启动及低温环境，可用于飞机、坦克、火车等各种引擎的启动。60 年代以后，着重发展了密封式电池，能够防止过充析出气体而导致电池内压的升高，可满足大功率放电需求。密封镉镍蓄电池可用于多个领域，包括：便携式电源、大容量电源、备用电源等，也可用于导弹、火箭及人造卫星的能源系统。借助新型聚合物材料及电镀技术，研发新型电极结构，仍是未来重要的改进方向。三类镉镍蓄电池的主要优缺点如表 2－2 所示。

表 2－2　三类镉镍蓄电池的优缺点比较

电池类型	优　　点	缺　　点
有极板盒式	循环寿命长； 坚固耐用，可承受过充、反极及短路等滥用； 储存性能出色； 可免维护	体积比能量低； 成本高于铅酸蓄电池
开口烧结式	放电电压平坦； 体积比能量高(比袋式高 50%)； 高倍率性能和低温性能优良； 长期储存性能好； 容量保持能力强	成本高； 有记忆效应； 为提高寿命需要充电系统具有温度控制，以避免电解质温度升高造成损坏
密封式	电池密封、无需维护； 循环寿命长； 低温和高倍率性能优良； 储存寿命长(任何荷电状态下)； 具有快速充电能力	某些应用条件下出现电压下降或记忆效应； 成本高于密封铅酸蓄电池； 荷电保持能力差； 高温和浮充性能低于密封铅酸蓄电池

根据上表可以发现镉镍蓄电池具有以下优点：

(1) 经济耐用：容量不易受放电倍率及温度影响。5C 电流倍率条件下，高倍率有极板盒式电池仍可释放出 60%的额定容量。在－20℃下采用标准电解质的镉镍蓄电池仍可使用，若增加电解质浓度，使用温度可以降低至－50℃，长时间工作温度的上限可达 45～50℃。

(2) 内阻小：100 A・h 的镉镍蓄电池高、中、低倍率下的直流电阻分别为 0.4 mΩ、1 mΩ和 2 mΩ。

(3) 寿命长：镉镍蓄电池电解质不会腐蚀电极及其他电池组件，能承受电滥用，正常条件下镉镍蓄电池的循环寿命可达 2000 次以上。

与此同时，镉镍蓄电池的缺点表现为：

(1) 存在记忆效应，其主要是指电池输出功率和容量随着循环逐渐减小的一种可逆性失效模式，主要诱因是电池连续的浅充浅放导致某些活性物质未能有效利用。

(2) 污染环境：镉是重金属会污染环境。

镉镍蓄电池性能优良、可靠性高、维护量小、坚固耐用，因此，在工业、商业、军事及航天领域均有应用。镉镍蓄电池是铁路与公共交通固定式电源的重要选项，如列车照明及空调、柴油发动机启动等。我国和谐号 CRH1 型动车组配备了 5 个蓄电池组，每组由 82 只烧结式镉镍蓄电池串联。镉镍蓄电池是保障发电设备快速启动及可靠运行的最佳应急电源。此外，镉镍蓄电池也可用于极限温度下需要工作的便携式应用，如信号灯、手电、探照灯和便携式仪器。高倍率及超高倍率纤维板镉镍蓄电池主要用于军事及航天领域。

2.2.3 铅酸蓄电池的工作原理

铅酸蓄电池因其较好的性能与循环寿命，价格低廉，目前得到广泛应用且占据市场主导地位。铅酸蓄电池的正极为二氧化铅(PbO_2)，负极为金属铅(Pb)，电解质为填充于正负极之间的硫酸。铅酸蓄电池主要由正极极群、负极极群、电解液和容器组成，以放电过程为例，铅酸蓄电池的原理图如图 2-11 所示。

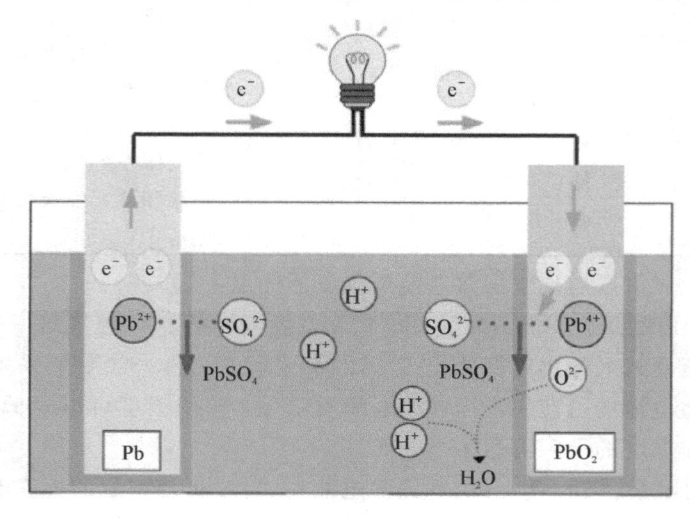

图 2-11 铅酸蓄电池的原理图

铅酸蓄电池的工作原理可描述为

$$PbO_2 + 2H_2SO_4 + Pb \underset{充电}{\overset{放电}{\rightleftharpoons}} 2PbSO_4 + 2H_2O \tag{2-6}$$

放电过程中，正极的 PbO_2 与 H_2SO_4 作用，生成过硫酸铅 $Pb(SO_4)_2$ 和水。过硫酸铅很不稳定，它分解成的 Pb^{4+} 沉附在正极板上面，${SO_4}^{2-}$ 进入电解液中；负极中的 Pb 在硫酸溶液的溶解张力作用下 Pb^{2+} 会溶到电解液中，留下 2 个电子在负极板上，电池将形成 2.1V 的电动电势。如果外电路接通，负极板的电子将沿着外电路向正极板作做向移动，形成放电电流。此时正极板上 Pb^{4+} 得到 2 个电子变成 Pb^{2+}，Pb^{2+} 与 ${SO_4}^{2-}$ 结合成 $PbSO_4$ 沉附在正极板上，负极上受到电子束缚力减少的 Pb^{2+} 与 ${SO_4}^{2-}$ 结合成 $PbSO_4$ 沉附在负极板上。充电过程是放电过程的逆反应，充电的生成物就是放电的反应物。不同倍率条件下，铅酸蓄电池的放电电压曲线如图 2－12 所示。

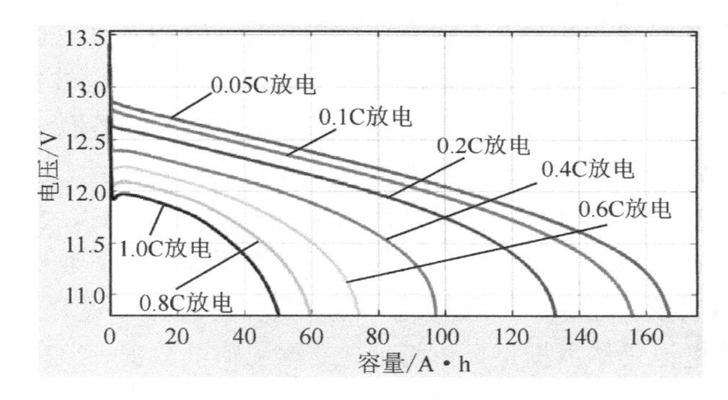

图 2－12　铅酸蓄电池不同倍率的放电电压曲线

铅酸蓄电池可以简单分成两类：① 普通铅酸蓄电池：采用铅锑合金制造，锑会污染负极板，造成水的过度分解，使得电池使用过程中出现减液现象。此类电池的主要优势为电压稳定、价格便宜；缺点是比能量低、使用寿命短和日常维护频繁。② 免维护蓄电池：采用铅钙合金栅架，充电时水分解量少，加上外壳采用密封结构，释放硫酸气体较少，因而电解液消耗量非常小，还具有耐高温、体积小、自放电率低等优点。

1860 年，法国物理学家 P. Gaston 发明了首个实用的铅酸蓄电池，该电池采用由两块长条形铅箔中间夹入粗布条后卷绕，再浸入 10%左右硫酸溶液的方法制成。由于正极活性物质量较少，所以电池容量很低。此后，研究人员尝试其他提升和保持极板活性物质的方法，包括平板式电极及管式电极。平板式电极是指在板栅上涂覆铅膏，以形成具有一定强度和保持能力的活性物质；管式电极是指极板中心的导电筋条被活性物质包围，外表面包裹了绝缘套管。在此基础上，分别于 1881 年与 1935 年研发了增强板栅强度的新型合金：铅锑合金、铅钙合金。之后，随着工业技术的不断进度，铅酸蓄电池的设计与制造工艺得到全面提高，使得其经济性与性能得到持续提升。

铅酸蓄电池的优势是生产工艺成熟，具有较好的倍率性能，型号尺寸丰富，容量可从 1 A·h 到几千 A·h，具有较好的浮充性能，使用安全且维护成本低。同时，铅酸蓄电池存在比能量低、循环寿命较短和自放电率高，过充电时有大量气体产生等问题。铅和二氧化铅在电解质中处于热力学不稳定状态，开路条件下也会与电解质发生反应，产生气体。

铅酸蓄电池广泛应用于电动工具、汽车、通信装置、应急照明系统中，也可以为采矿设备、材料搬运工具等提供动力。在汽车领域，引擎启动、车辆照明、引擎点火等对铅酸蓄电池仍有需求，且随着汽车保有量的增加而持续增加。其次，通信与电动自行车、低速车辆等领域对铅酸蓄电池的需求，也促使铅酸蓄电池的需求量稳定增长。在车辆应用领域，铅酸蓄电池也面临锂离子电池及镍氢电池的挑战。为此，更为先进的铅酸蓄电池方案也被提出，以改善铅酸蓄电池的性能。美国 Firefly 公司研发了以炭材料或石墨泡沫为基底的铅酸蓄电池。这种铅酸蓄电池可避免酸碱侵蚀，具有较高导电性，电池循环寿命是原来的 2～3 倍，且具有优良的高低温及快充能力。美国 ABC 公司研发的双极性铅酸蓄电池已经成功推向市场，与普通铅酸蓄电池比较，双极性铅酸蓄电池能够提升能量密度，减少 50%的充电时间，且循环寿命可提升 3 倍。未来一段时间，铅酸蓄电池仍然占据重要市场地位，据工信部数据，2020 年我国铅酸蓄电池产量为 22736 万千伏安时，同比增长 12.28%。我国 2015—2020 年铅酸蓄电池产量规模情况如图 2-13 所示。

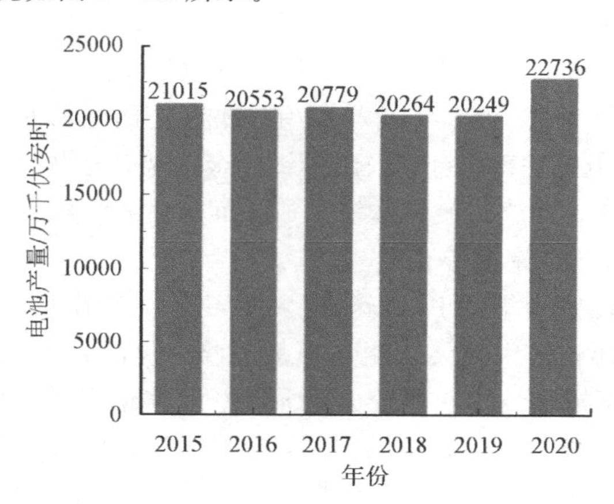

图 2-13　国内铅酸蓄电池产量规模情况

2.2.4　锂离子电池的工作原理

锂离子电池主要包括正极、负极、电解液和隔膜。正极一般由锂金属氧化物构成，正极的活性材料决定了电池的容量和电压；负极要提供足够空间以存储锂离子，一般使用结构稳定的石墨材料；电解液是锂离子在电极之间运动的媒介，主要为盐溶液(锂盐，如 $LiPF_6$、$LiBF_4$ 等，溶解于碳酸亚乙酯、碳酸二甲酯和碳酸二乙酯等)；隔膜主要作用是对正负极进行物理隔绝，阻止电子的直接通过，仅允许锂离子的流动，一般使用合成树脂，如聚乙烯、聚丙烯等制成。

锂离子电池是通过涂布在电极上的活性材料存储和释放锂离子，即通过锂离子在电极活性材料上的脱嵌来存储电能。当电池充电时，在外加电场的作用下，锂离子 Li^+ 脱离正极材料的束缚，沿着电场方向由正极穿过隔膜进入到石墨负极中。电子则被隔膜阻挡，通过外电路转移到负极。Li^+ 通过结合电子，嵌入到具有层状结构的石墨中。当电池放电时，电荷的转移过程正好相逆。负极材料发生电离，Li^+ 从石墨中解嵌，并穿过隔膜回到正极中。电子仍然只能经由外电路流过负载，形成流通回路。充放电过程的不断发生，使得 Li^+ 在两电极之间不断重复嵌入和脱嵌过程，从而实现电能和化学能之间的相互转化，锂离子电池原理如图 2-14 所示。

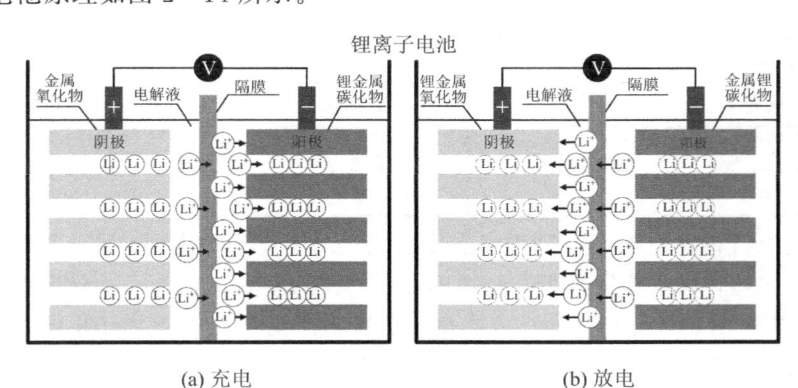

图 2-14　锂离子电池原理示意图

正极材料对于锂离子电池电化学性能影响较为显著，也在整个电池材料成本中占比较高。当前主流的正极材料包括：磷酸铁锂($LiFePO_4$，LFP)、三元锂($LiNiMnCoO_2$，NMC)、钴酸锂($LiCoO_2$，LCO)、锰酸锂($LiMnO_2$，LMO)等。目前就整体性能而言，NMC 和 LFP 在性能方面具有一定优势，在市场上占据了主导地位，其中，NMC 电池具有较高的能量密度，LFP 电池具有相对较好的热稳定性。两种材料的结构如图 2－15 所示，LFP 属于橄榄石结构，属于正交晶体，Li^+ 只能在材料内部一维转移，具有比容量大、安全性高、性价比高及综合寿命长等优点。NMC 正极材料是层状结构，稳定的层状结构对于 Li^+ 的嵌入和脱嵌非常关键。几种常见的锂离子电池正极材料比较如表 2－3 所示。

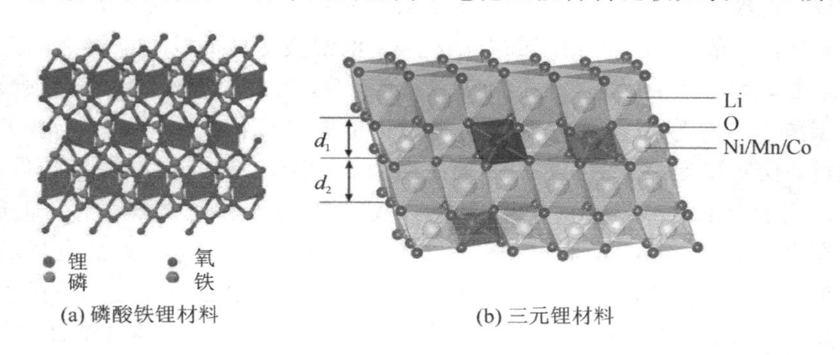

图 2－15　锂离子材料结构图示意图

表 2－3　锂离子电池正极材料比较

正极材料名称	$LiCoO_2$	NMC	NCA	$LiMn_2O_4$	$LiFePO_4$
晶型	α-$NaFeO_2$	α-$NaFeO_2$	α-$NaFeO_2$	Spinel	Olivine
理论容量/(mA·h/g)	274	275	275	148	170
电压平台/V	3.7	3.5	3.5	4.0	3.4
循环能力	较好	一般	一般	较差	优
过渡金属资源	贫乏	较丰富	较丰富	丰富	丰富
电导率/(S/cm)	10^{-3}	10^{-5}	10^{-5}	10^{-5}	10^{-9}

负极材料在电池运行过程中主要起到存储锂离子的作用，目前负极材料技术相对成熟，成本比重较低，约占到 5%～10%左右，大体可以分为碳类与非碳类。碳类材料安全性较高，成本低，是目前广泛使用的锂离子电池材料，特别是石墨。非碳类材料主要指钛酸锂（Li_2TiO_3，LTO）或者硅基材料。LTO 是零应变材料，使得 LTO 电池具备较长的循环寿命，且综合考虑 LTO 尖晶石结构所具有的三维锂离子扩散通道，也赋予了 LTO 电池较好的功率特性及高低温充电性能。

锂离子电池可以根据正负极材料类型进行分类，不同类型锂离子电池具有其自身特点。各种锂离子电池的电压曲线如图 2－16 所示，NMC、LCO 等锂离子电池具有相对较高的电压平台，LFP 锂离子电池的电压平台则较低。通过比较可以发现，在高、低 SOC 区域，电池端电压均会发生显著变化，中间区域变化相对平缓，其中，磷酸铁锂离子电池中部区域电压变化相较其他类型电池更为平坦。不同类型锂离子电池的能量密度、循环寿命、标称电压、比容量的比较如表 2-4 所示。相较而言，LCO 锂离子电池具有高的能量密度，LMO 锂离子电池的标称电压较高，NCA 锂离子电池的能量密度较大，LTO 锂离子电池循环寿命较长，LFP 锂离子电池的热稳定相对较好。

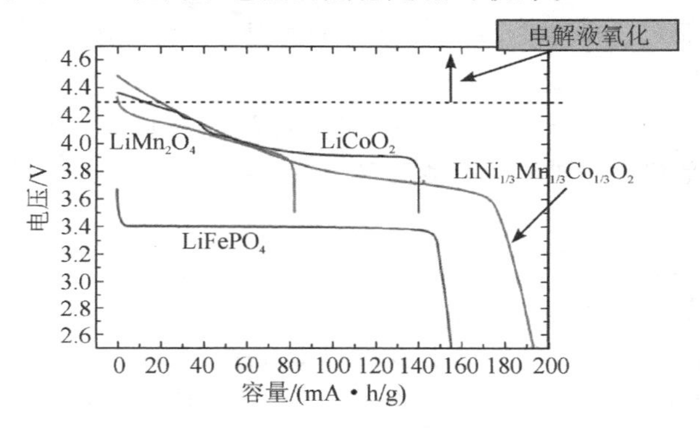

图 2-16　锂离子电池电压曲线比较示意图

表 2-4　锂离子电池正极材料比较

电池材料	比容量/(mA /g)	标称电压/V	能量密度/(W・h/kg)	循环寿命（次数）
LCO	140	3.7	110～190	500～1000
LMO	146	3.8	100～120	1000
NCA	180	3.6	100～150	2000～3000
NMC	145	3.6	100～170	2000～3000
LFP	170	3.3	90～115	>3000
LTO	170	2.2	60～75	>5000

1976 年，英国 M. S. Whittingham 提出将金属锂用于电池材料。当时，正极材料使用二硫化钛，负极材料使用锂。然而，二硫化钛与锂组合无法作为二次电池长期稳定使用。1980 年，J. B. Goodenough 提出了用钴酸锂作为正极材料。次年，Akira Yoshino 提出钴酸锂正极与碳基材料负极的组合方式。1983 年，J. B. Goodenough 证实廉价的锰酸锂也能用作正极材料。其后 Akira Yoshino 发明了正负极之间离子稳定移动的技术，奠定了锂离子电池作为二次电池实用化的基础。到了 1991 年，索尼公司推出了全世界第一块锂离子电池。这种电池采用钴酸锂作为正极材料，最初被手机行业所用，其后广泛用于便携式音响、笔记本电脑等。随后，电动汽车需求高涨，具有电压高、能量密度大、

循环寿命长等特点的锂离子电池也被大量用于新能源汽车。目前，为满足不同行业市场的需求，已经研发出了多种类型的锂离子电池，包括圆柱、方形、软包等。电解液可以采用液体或者胶体，可以广泛应用于消费电子产品、新能源汽车、军事装备等。

锂离子电池的主要优势如下：

(1) 高比能量。可用于对质量和体积要求苛刻的场景，如：宁德时代的 NMC811 电池比能量可达 270 W·h/kg。

(2) 长循环寿命。LFP 电池循环寿命可达 2000 次以上，远高于铅酸蓄电池。

(3) 低自放电率。锂离子电池的自放电率约为 2%～8%/月。

锂离子电池的主要缺点如下：

(1) 成本仍然相对较高。

(2) 需要额外配备保护电路，以避免过充、过放等。

锂离子电池目前已经覆盖了多种可充电便携式设备，在新能源汽车中三元锂离子电池与磷酸铁锂离子电池占据重要地位。我国发布的《节能与新能源汽车技术路线图 2.0》预测，2030 年新能源汽车渗透率将达到 40%，目前渗透率为 12.9%，2035 年新能源汽车年销量将占总销量的 50%以上。全球新能源乘用车销量将从 2020 年 331.1 万辆增长至 2025 年的 1640 万辆，对应动力电池的出货量将从 158.2 GW 增长至 2025 年的 919.4 GW。未来锂离子电池将在电网等固定式储能中发挥重要作用，但仍然需要权衡锂离子电池设计的成本与安全。目前，在国家支持的新型储能中，锂离子电池已经处于绝对主导地位，占比超过 90%。而全球新型储能市场累计装机规模同比增长 67.7%，其中，锂离子电池占据主导地位，市场份额超过 90%。如图 2-17 所示。预计到 2025 年，我国锂电储能累计增长规模将达到 50GW，市场空间约 2000 亿元。

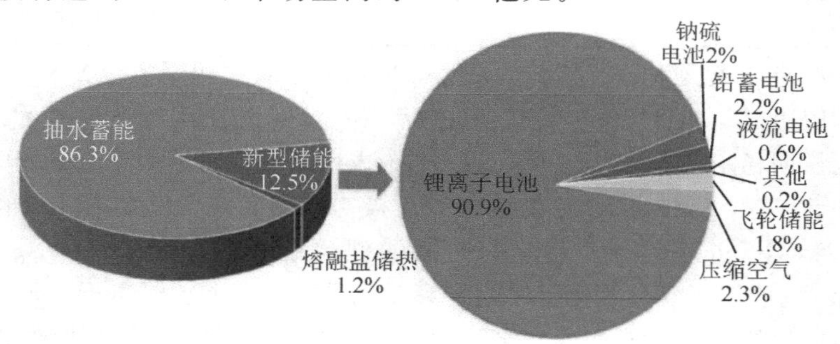

图 2-17　2021 年全球储能市场累计装机规模

2.3　电池的规格与型号标志

1. 碱性锌锰干电池

目前装备应用最多的一次电池是锌锰干电池和碱性锌锰干电池。主要采用"电池尺寸＋电池式样"对电池的规格进行标志。

电池标志方法如下：

锌锰干电池的型号用 R(圆形)或 F(方筒形)作为开始，碱性锌锰干电池的型号则以 LR 开始，字母后的一到两位数字代表电池的尺寸，最后一位字母表示电池性能，S 为普通型，P 为功率型，C 为高容量型。

由于目前锌锰干电池用量快速减少，碱性锌锰干电池占据主导地位。表 2-5 为碱性锌锰干电池的标志类型。

表 2-5　碱性锌锰干电池标志对应表

国内传统编号	IEC 编号	英文代号	尺　　寸
1 号	LR20	D	电池高度 59.0±0.5 mm，直径 32.3±0.2 mm
2 号	LR14	C	电池高度 49.5±0.5 mm，直径 25.3±0.2 mm
3 号	LR14/C	SC	电池高度 42.0±0.5 mm，直径 22.1±0.2 mm
4 号	R10	A	电池高度 49.0±0.5 mm，直径 16.8±0.2 mm
5 号	LR6	AA	电池高度 48.0±0.5 mm，直径 14.1±0.2 mm
6 号	—	F	电池高度 89.0±0.5 mm，直径 32.3±0.2 mm
7 号	LR03	AAA	电池高度 43.6±0.5 mm，直径 10.1±0.2 mm
8 号	LR1	N	电池高度 28.5±0.5 mm，直径 11.7±0.2 mm
9 号	LR8D425	AAAA	电池高度 41.5±0.5 mm，直径 8.1±0.2 mm

2. 碱性蓄电池

1) 单体碱性蓄电池

碱性蓄电池型号采用汉语拼音字母与阿拉伯数字相结合的方法表示。碱性蓄电池型号的组成及排列顺序如下：

第一位为系列代号，系列代号通常用电池两电极主要材料汉语拼音的第一个大写字母来表示。负极材料代号在前，正极材料代号在后。碱性蓄电池系列名称及代号见表 2-6。

表 2－6 碱性蓄电池系列名称和代号

系列名称	系列代号
镉镍系列	GN
氢镍系列	QN
铁镍系列	TN
锌银系列	XY
锌空气系列	XK
锌锰系列	XM
锌镍系列	XN
镉银系列	GY
氢银系列	QY

形状代号用形状汉语拼音的第一个大写字母来表示。排气式蓄电池不标注形状代号。氢镍系列蓄电池不标注形状代号。其他密封式或全密封式蓄电池形状及形状代号见表 2－7。全密封式蓄电池在其型号中，形状代号的右下角加脚注“1”(氢镍系列蓄电池虽为全密封形式，但因不标注形状代号，故不含脚注)。

表 2－7 密封式或者全密封式蓄电池形状及形状代号

形状	形状代号
圆柱形	Y
扣式(扁形)	B
方形	F

碱性蓄电池放电率及其代号和范围见表 2－8。低放电率蓄电池的放电率代号 D 不标注。

表 2－8 碱性蓄电池放电率及其代号和范围

放电率	放电率代号	放电率范围
低放电率	D	＜0.5 C
中放电率	Z	≥0.5 C，＜3.5 C
高放电率	G	≥3.5 C，≤7.0 C
超高放电率	C	≥7.0 C

如果镉镍蓄电池形式为部分气体可复式时，其结构形式代号为“K”，其他形式镉镍蓄电池不标注结构形式代号。锌空气蓄电池分为机械再充式锌空气蓄电池和电化学再充式锌空气蓄电池两类，机械再充式锌空气蓄电池的结构形式

代号为“J”，电化学再充式锌空气蓄电池的结构形式代号为“H”。

额定容量以阿拉伯数字表示，单位为安培小时（A·h）或毫安小时（mA·h）。若单位为毫安小时（mA·h），则在数值后加“m”。额定容量的数值可以为小数形式，对于额定容量小于 100 毫安时的蓄电池，推荐以毫安小时（mA·h）为单位表示其额定容量（表示额定容量的数字可以是小数形式，但不应采用分数）。

例 1：QNYG7，指额定容量为 7 A·h、高放电率的圆柱形金属氢化物镍蓄电池。

例 2：GNY40m，指额定容量为 40 mA·h、低放电率的圆柱形密封镉镍蓄电池。

例 3：XYZ20，指额定容量为 20 A·h、中放电率的方形排气式锌银蓄电池。

例 4：GNF30，指额定容量为 30 A·h、低放电率的方形全密封镉镍蓄电池。

例 5：QN30，指额定容量为 30 A·h、低放电率的全密封氢镍蓄电池。

例 6：XKFGJ60，指额定容量为 60 A·h、高放电率的方形机械再充式锌空气蓄电池。

2）碱性蓄电池组

碱性蓄电池组型号采用单体或整体碱性蓄电池型号与表示串联或并联的单体或整体碱性蓄电池只数的阿拉伯数字和短横相结合的方法表示。

由单体碱性蓄电池组成的碱性蓄电池组型号的组成及排列顺序为：

串联单体电池只数、单体电池型号、并联单体电池只数（可省略）。

由整体碱性蓄电池组成的碱性蓄电池组型号的组成及排列顺序为：

串联整体电池只数、整体电池型号、并联整体电池只数（可省略）。

当碱性蓄电池组含有 2 只以上并联的单体电池或整体电池时，型号中在单体电池或整体电池型号后添加“-”和并联单体电池或整体电池只数，并联单体电池或整体电池只数应大于等于 2。电池组只含 1 只单体电池或整体电池时，或是只含并联的单体电池或整体电池时，其型号中串联单体电池或整体电池只数为 1，不应省略。

例 1：1QN30，指由 1 只额定容量为 30 A·h、低放电率的全密封氢镍蓄电池组成的氢镍蓄电池组。

例 2：10GNYG4-2，指由额定容量为 4 A·h、高放电率的圆柱形密封镉镍蓄电池以 10 串 2 并的形式组成的镉镍蓄电池组。

例 3：4－2XY8，指由 4 只型号为 2XY8 的锌银整体蓄电池串联组成的锌银蓄电池组。

3. 锂离子电池

1）单体锂离子电池

锂离子电池型号采用英文字母和数字(圆形为 5 位，方形为 6 位，扣式为 4 位)相结合的方法表示，其型号组合方式如下。

(1) 英文字母用于表示电池的正负极材料和形状。

① 第 1 位用大写英文字母表示电池的负极材料。I 表示锂离子，L 表示金属锂或锂合金负极。

② 第 2 位用大写英文字母表示电池的正极材料。C 表示钴基正极，N 表示镍基正极，M 表示锰基正极，V 表示钒基正极，T 表示钛基正极。

③ 第 3 位用大写英文字母表示电池形状。R 表示圆柱形，P 表示方形，B 表示扣式(高度小于直径的圆柱形为扣式)。

(2) 数字用于表示电池尺寸。

① 圆柱形电池用 5 位数字表示，前两位为直径，单位为 mm，后 3 位为高度，单位为 0.1 mm，直径或高度任一尺寸大于或等于 100 mm 时两个尺寸之间应加一条斜线。例如圆柱形电池 ICR18650，I 表示该电池为锂离子电池，C 表示正极材料为钴，R 表示电池为圆柱形，直径为 18 mm，高度为 65 mm。

② 方形电池用 6 位数字表示，前两位为厚度，中间两位为宽度，最后两位为高度，单位为 mm。三个尺寸任一个大于或等于 100 mm 时，尺寸之间应加斜线，三个尺寸中若有任一小于 1 mm，则在此尺寸前加字母 t，此尺寸单位为 0.1 mm。

标志示例见表 2－9。

表 2－9 锂离子电池标志示例表

锂离子电池型号	含义	正极材料	电池尺寸
ICP103450	表示一个方形二次锂离子电池	正极材料为钴	厚度约为 10 mm，宽度约为 34 mm，高度约为 50 mm
ICP08/34/150	表示一个方形二次锂离子电池	正极材料为钴	厚度约为 8 mm，宽度约为 34 mm，高度约为 150 mm
ICPt246870	表示一个方形二次锂离子电池	正极材料为钴	厚度约为 2.4 mm，宽度约为 68 mm，高度约为 70 mm

③ 扣式电池的型号用 4 位数字表示，前两位表示直径，后两位表示高度，直径的单位为 mm，高度的单位为 0.1mm。

2）锂蓄电池组

第 1 位表示单体电池串联的个数，串联个数即使为 1 也不能省略。

第 2 位用大写英文字母表示电池负极材料。I 表示锂离子电池，L 表示金属锂或锂合金负极。

第 3 位用大写英文字母表示电池的正极材料。C 表示钴基正极，N 表示镍基正极，M 表示锰基正极，V 表示钒基正极，T 表示钛基正极。

第 4 位用大写英文字母表示锂蓄电池组的形状。R 表示电池组形状为圆柱形，P 表示电池组形状为方形。

外形尺寸数字表示电池组的尺寸规格。对于圆柱形电池组，斜线分隔符前的一组数字表示电池组的直径，斜线分隔符后的一组数字表示电池组的高度。对于方形电池组，斜线分隔符前的一组数字表示电池组的厚度，两个斜线分隔符中间的一组数字表示电池组的宽度，斜线分隔符后的一组数字表示电池组的高度。各组数字的单位为 mm。如果尺寸小于 1 mm，则用 0.1 mm 为单位的数字表示，并在该组数字前添加字母 t。

当锂蓄电池组含有 2 只以上并联的单体电池时，型号中在外形尺寸数字后添加“-”和并联单体电池只数，并联单体电池只数应大于等于 2。

如：2ICPl6/34/150：指厚度约为 16 mm，宽度约为 34 mm，高度约为 150 mm，由两只单体电池串联组成的钴基正极方形锂离子蓄电池组。

1ICPt7/68/48 - 2：指厚度约为 0.7 mm，宽度约为 68 mm，高度约为 48 mm，由两只单体电池并联组成的钴基正极方形锂离子蓄电池组。

2IMPt48/136/70 - 2：指厚度约为 4.8 mm，宽度约为 136 mm，高度约为 70 mm，由四只单位电池以两串、两并形式组成的锰基正极的方形聚合物锂离子蓄电池组。

4. 铅酸蓄电池

采用字母和数字相结合的方法表示，其型号由三部分组成。

第 1 部分为串联的单体蓄电池数；

第 2 部分为蓄电池用途、结构特征代号；

第 3 部分为标准规定的额定容量。

蓄电池型号标志的各部分应按如下规则编制：

（1）串联的单体蓄电池数，是指在一只整体蓄电池槽或一个组装箱内所包括的串联蓄电池数目（单体蓄电池数目为 1 时，可省略）。

（2）蓄电池用途、结构特征及型号应符合表 2 - 10，2 - 11 的规定。

（3）额定容量以阿拉伯数字表示，其单位为安培小时（A·h），在型号中单位可省略。

(4) 角标 a 表示对原产品的第一次改进，名称后加角标 b 表示第二次改进，依次类推。

(5) 当需要标志蓄电池所需适应的特殊使用环境时，应按照有关标准及规程的要求，在蓄电池型号末尾和有关技术文件上做明显标志。

(6) 蓄电池型号末尾允许标志临时型号。

表 2-10　蓄电池用途及型号表

序号	蓄电池用途	型号
1	起动型	Q
2	固定型	G
3	牵引(电力机车)用	D
4	内燃机车用	N
5	铁路客车用	T
6	摩托车用	M
7	船舶用	C
8	储能用	CN
9	电动道路车用	EV
10	电动助力车用	DZ
11	煤矿特殊	MT

表 2-11　蓄电池结构特征及型号表

序号	蓄电池结构特征	型号
1	密封式	M
2	免维护	W
3	干式荷电	A
4	湿式荷电	H
5	微型阀控式	WF
6	排气式	P
7	胶体式	J
8	卷绕式	JR
9	阀控式	F

如型号为 6-QAW-30a 的蓄电池，该蓄电池由 6 个单体电池组成，额定电压为 12 V，Q 表明为汽车启动用蓄电池，A 表示干荷型蓄电池，W 表示免维护型蓄电池，30 表示蓄电池的额定容量为 30 A·h，加了 a 表示对原产品的

第一次改进。

2.4　电池的选用原则

由于电池的种类多，其特性各不相同，因此装备使用电池时需要考虑自身的要求与电池特性，选用合适的电池。选用的原则如下。

1. 装备需要应用的电池是一次性还是需要反复充放使用的电池

采用可反复充放电池的装备越来越多，但目前还有一部分装备需要采用一次电池，特别是一些一次性装备，如弹上电源等。因此，如何选择一次电池也是需要考虑的问题。本书前面已经介绍过的一次电池包括锌锰干电池、碱性锌锰干电池、锂原电池等。在这些一次电池中，锂原电池用于特殊装备，用量少，而锌锰干电池和碱性锌锰干电池用量很大，是选择时重点考察的对象。一般说来，碱性干电池的容量明显高于普通干电池，适合大电流放电，因此如果装备需要大电流放电工作可以考虑选择碱性干电池，而需要低电流放电工作的可选普通干电池。

采用可反复充放的蓄电池，则需要考虑不同蓄电池的特点。表2-12为不同蓄电池的特性对比表。

表2-12　不同蓄电池的特性对比表

技术参数	镉镍蓄电池	镍氢蓄电池	锌银蓄电池	铅酸蓄电池	锂离子电池（以 $LiFePO_4$ 为例）
额定电压/V	1.20	1.20	1.55	2.00	3.20
质量比能量/（W·h/kg）	45～80	60～120	130	30～50	90～160
质量比功率/（W/kg）	150～200	250～1000	—	180	200～1200
体积比能量/（W·h/L）	100	401	500	60～75	333
放电截止电压/V	1.00	1.00	1.20	1.75	2.50
库伦效率	慢充，<70%；快充，<90%		—	<90%	99%
放电峰值倍率	<20C	<5C	—	<5C	<30C
放电最佳倍率	1C	0.5C	0.2 mA～1.5 mA	0.2C	<10C
循环寿命（次）	500～1000	300～500	—	200～300	1000～2000
自放电率	20%	30%	0.4%	5%	4.5%
放电温度范围/℃	−20～65	−20～65	−10～60	−20～50	−20～60

2. 选用的注意事项

(1) 可靠性好，体积小，重量轻，比能量高。

(2) 储存寿命长，使用寿命长。

(3) 工作电压平稳，有足够的容量，输出电流大。

(4) 能够在特定的环境下工作，如低温、高温、高空、烟雾等，并能经受一定的冲击、震动。

(5) 使用、维护方便，便于更换。

(6) 使用成本低。在较集中使用电池、具备充电的条件下，应选用蓄电池。

(7) 在选用以贵金属或稀有原材料制造的电池时，应考虑国家的资源情况和特殊要求，除非必要，一般不要选择这类电池。

(8) 选用蓄电池时，要考虑电池的使用方式(浮充电或者循环使用)，充电电源的实用性和特点，充电效率等。

(9) 如果无法从现有系列中选到合适的电池，可以根据装备的战术技术指标要求提出试制新系列电池，但是一定要慎重，因为新系列电池的研制一般历时较长。

2.5 电池的相关标准

由于电池涉及标准多，根据其设计、制造和应用的要求，各种电池都制定了多种标准。表 2-13 到 2-17 列出了碱性锌锰干电池、镉镍蓄电池、锌银蓄电池、铅酸蓄电池和锂离子电池的相关标准(包括国家标准和国家军用标准)，并简要介绍了相关标准内容。

表 2-13 碱性锌锰干电池标准

序号	标准号	标准名称	主 要 内 容
1	GJB 449B—2015	碱性锌-二氧化锰电池通用规范	规定了碱性锌-二氧化锰电池的通用技术要求、质量保证规定、检验方法和交货准备等
2	GJB 141A—1996	军用锌锰电池通用规范	规定了军用锌锰电池的要求、质量保证规定、交货准备以及说明事项
3	GJB 577A—1997	DC0120 锌锰干电池组规范	规定了 DC0120 锌锰干电池组的详细要求、质量保证规定以及交货准备等

续表

序号	标准号	标准名称	主 要 内 容
4	GJB 1841—1993	DC0060 锌锰干电池组规范	规定了 DC0060 锌锰干电池组的要求、检验项目和试验方法
5	GJB 1796A—2019	Sc1.5R20、Sc1.5R18、Sc1.5R10 锌-二氧化锰-电池规范	规定了 Sc1.5R20、Sc1.5R18、Sc1.5R10 锌-二氧化锰电池的要求、质量保证规定和交货准备
6	GJB 2621A—2019	Sc1.5LR20、Sc1.5LR18、Sc1.5LR10 碱性锌-二氧化锰电池规范	规定了 Sc1.5LR20、Sc1.5LR18、Sc1.5LR10 碱性锌-二氧化锰电池的要求、质量保证规定和交货准备。适用于 Sc1.5LR20、Sc1.5LR18、Sc1.5LR10 电池的生产、检测和采购验收

表 2-14　镉镍蓄电池标准

序号	标准号	标准名称	主 要 内 容
1	GJB 2181/1—1999	20GNC25 镉镍蓄电池组规范	规定了 20GNC25 镉镍蓄电池组的技术要求、质量保证规定
2	GJB 2181A—2012	排气式镉镍蓄电池组通用规范	规定了排气式镉镍蓄电池组的通用要求、质量保证规定和交货准备等。适用于航空、舰船用排气式镉镍蓄电池组，其他军用排气式镉镍蓄电池组可参照使用
3	GJB 2182—1994	镉镍蓄电池组充电器通用规范	规定了镉镍蓄电池组充电器的通用要求。适用于航空镉镍蓄电池组充电器。其他镉镍蓄电池组充电器也可参照使用
4	GJB 2930—1997	镉镍蓄电池组快速充电机通用规范	规定了镉镍蓄电池组快速充电机的通用要求、检验项目、试验方法和检验规则。适用于对镉镍蓄电池组进行快速充电的充电机
5	GJB 469—1988	镉镍圆柱密封碱性蓄电池总规范	规定了军用镉镍圆柱密封蓄电池的一般要求，各种型号蓄电池的电性能及物理性能要求在相应的军用详细规范中规定

续表一

序号	标准号	标准名称	主 要 内 容
6	GJB 8636—2015	舰船用镉镍蓄电池组规范	规定了舰船用镉镍蓄电池组的要求、质量保证规定和交货准备等。适用于舰船发动机启动用和备用设备(电网应急、计算机和电子设备 UPS 电源等)电源用的 20GNC25 和 20GNC40 镉镍蓄电池组的生产和验收，其他舰船用镉镍蓄电池组可参照执行
7	GJB 517B—2017	密封镉镍蓄电池组通用规范	规定了密封镉镍蓄电池组的通用要求、质量保证规定和交货准备
8	GJB 7364—2011	空间用全密封镉镍蓄电池通用规范	规定了空间用全密封镉镍蓄电池的通用要求、质量保证规定和交货准备
9	GJB 517—1988	野战镉镍密封蓄电池组通用技术条件	规定了野战便携式镉镍密封蓄电池组的通用技术要求、试验和验收方法
10	GJB 517A/3—2002	12 V 密封镉镍蓄电池组规范	规定了 12 V 密封镉镍蓄电池组的要求、质量保证规定和交货准备
11	GJB 517A/2—2001	24 V 密封镉镍蓄电池组规范	规定了 24 V 密封镉镍蓄电池组的要求，质量保证规定和交货准备。适用于野战通信电台用 24 V 密封镉镍蓄电池组
12	GJB 517/1—1999	XDC8813 型密封镉镍蓄电池组规范	规定了由 20 只单体电池串联组合而成的 XDC8813(20GNYG7)型密封镉镍蓄电池组的要求、质量保证规定和交货准备
13	GJB 3155—1998	镉镍全密封蓄电池组通用规范	规定了镉镍全密封蓄电池组的通用技术要求，质量保证规定以及交货准备。适用于空间飞行器用镉镍全密封蓄电池组
14	GJB 5162—2004	军用航空超低维护镉镍蓄电池组通用规范	规定了军用航空超低维护镉镍蓄电池组的通用技术要求、质量保证规定和交货准备等。适用于军用航空超低维护镉镍蓄电池组的研制、生产、验收、订货

续表二

序号	标准号	标准名称	主要内容
15	GB/T 15142—2011	含碱性或其他非酸性电解质的蓄电池和蓄电池组方形排气式镉镍单体蓄电池	规定了方形排气式镉镍单体蓄电池的标志、型号、外形尺寸、试验和要求
16	GB/T 18289—2000	蜂窝电话用镉镍电池总规范	规定了蜂窝电话用镉镍电池的定义、要求、测试方法、质量评定程序及标志、包装、运输、贮存
17	GB/T 28867—2012	含碱性或其他非酸性电解质的蓄电池和蓄电池组方形密封镉镍单体蓄电池	规定了方形密封镉镍单体蓄电池的标志、试验和要求
18	GB/T 22084.1—2008	含碱性或其他非酸性电解质的蓄电池和蓄电池组便携式密封单体蓄电池 第 1 部分：镉镍电池	规定了适合于任何方位下使用的便携式小方形、圆柱形和扣式密封镉镍单体蓄电池的型号、标志、尺寸、试验和要求

表 2-15　锌银蓄电池标准

序号	标准号	标准名称	主要内容
1	GJB/Z 53.4—94	军用电池系列型谱锌银贮备电池组	规定了军用锌银贮备电池组的标准系列和品种，以及选择和应用导则。适用于军事装备在设计和制造时应优先选用的锌银贮备电池组系列和品种，同时也作为锌银贮备电池组生产、研制、开发时选择系列和品种的基本依据
2	GJB 919B—2017	锌银蓄电池通用规范	规定了锌银蓄电池的通用要求、质量保证规定和交货准备等。适用于锌银单体蓄电池、整体蓄电池和蓄电池组
3	GJB 1876A—2011	锌银贮备电池组通用规范	规定了锌银贮备电池组的一般要求、质量保证规定和交货准备等要求。适用于武器用电加热、化学加热和不需要加热的锌银贮备电池组

续表

序号	标准号	标准名称	主要内容
4	GJB 6274—2008	电动力鱼雷用锌银蓄电池(组)通用规范	规定了电动力鱼雷用锌银蓄电池(组)通用要求。适用于各型电动力鱼雷用锌银蓄电池(组)的研制、生产和交付检验
5	GJB 4335—2002	军用飞机干荷电式锌银蓄电池组规范	规定了军用飞机干荷电式锌银蓄电池组的设计、研制、生产、验收和使用要求。适用于军用飞机发动机起动和随航备用的干荷电式锌银蓄电池组
6	GJB 4846—2003	电动力鱼雷用锌银贮备电池组通用规范	规定了电动力鱼雷用锌银贮备电池组性能、质量保证和交货准备等通用要求。适用于电动力鱼雷用锌银贮备电池组，自航式诱饵和潜艇模拟器用锌银贮备电池组亦可参照执行
7	GJB 1876/3—2001	近程地地导弹用锌银贮备电池组规范	规定了近程地地导弹用锌银贮备电池组的技术要求、质量保证规定和交货准备。适用于近程地地导弹用24XYZB12－08C、20XYZB6－09C、21XYZB4－52和20XYZB6－53锌银贮备电池组
8	GJB1876/4—2001	中程地地导弹用锌银贮备电池组规范	规定了中程地地导弹用锌银贮备电池组的技术要求、质量保证规定和交货准备。适用于中程地地导弹用24XYZB12－08D、20XYZB6－09D、24XYZB24－39和20XYZB1－42锌银贮备电池组
9	GJB 1876/1—1996	远程地地导弹用锌银贮备电池组规范	规定了远程地地导弹用锌银贮备电池组的技术要求、质量保证规定和交货准备。适用于远程地地导弹用24XYZB12－08B、20XYZB6－09B、27XYZB3－23A锌银贮备电池组
10	GJB 327—1987	航天用锌银蓄电池系列	适用于导弹、火箭、卫星各系统所用的锌银蓄电池单体

表 2－16　铅酸蓄电池标准

序号	标准号	标准名称	主 要 内 容
1	GJB 516C—2020	军用汽车铅酸蓄电池规范	规定了军用汽车铅酸蓄电池的要求、质量保证规定和交货准备等。适用于军用汽车排气式铅酸蓄电池和军用汽车阀控式铅酸蓄电池的设计、生产和验收
2	GJB 2514A—2012	军用铅酸蓄电池通用规范	规定了军用铅酸蓄电池的通用技术要求、质量保证规定和交货准备等
3	GJB 606A—2012	军用航空铅酸蓄电池规范	规定了军用航空铅酸蓄电池的详细技术要求、质量保证规定和交货准备等
4	GJB 4331A—2018	深潜器用铅酸蓄电池规范	规定了深潜器用铅酸蓄电池的要求、质量保证规定、交货准备等。适用于深潜器水下推进动力和照明用的蓄电池
5	GJB 2862A—2021	舰船用铅酸蓄电池规范	规定了舰船用铅酸蓄电池的要求、质量保证规定、交货准备、说明事项等。适用于水面舰船发动机起动用和备用以及计算机 UPS 电源用的免维护铅酸蓄电池的研制、生产和验收
6	GJB 3992—2000	军用铅酸蓄电池检验验收规则	规定了军用铅酸蓄电池检验验收的依据、责任、时机、内容、程序和方法等。适用于起动型军用铅酸蓄电池的检验验收，应急型、动力型军用铅酸蓄电池的检验验收亦可参照执行
7	GJB 1724A—2009	装甲车辆用铅酸蓄电池规范	规定了装甲车辆用铅酸蓄电池的详细要求。适用于装甲车辆用铅酸蓄电池
8	GJB 1722A—2003	潜艇用铅酸蓄电池规范	规定了潜艇用铅酸蓄电池的要求、质量保证规定、交货准备及说明事项
9	GJB 3855/1—1999	铅酸蓄电池智能充电机规范	规定了铅酸蓄电池智能充电机的技术要求和质量保证规定
10	GJB 38.16—1986	常规动力潜艇系泊、航行试验规程 铅酸主蓄电池组	适用于常规动力潜艇用铅酸主蓄电池组的系泊、航行试验

续表一

序号	标准号	标准名称	主要内容
11	GB/T 13281—2008	铁路客车用铅酸蓄电池	规定了铁路客车用铅酸蓄电池的术语、产品分类、技术要求、试验方法、检验规则以及标志包装、运输和贮存。适用于铁路客车照明及其他电器直流电源用的铅酸蓄电池
12	GB/T 32504—2016	民用铅酸蓄电池安全技术规范	规定了民用铅酸蓄电池安全的术语和定义、技术要求、检测方法、检验规则，它包括铅酸蓄电池阻燃性、防爆性及防酸性。适用于民用各类铅酸蓄电池安全性能评估和认定。不适用于工业领域的铅酸蓄电池安全性能评估和认定
13	GB/T 23638—2009	摩托车用铅酸蓄电池	规定了摩托车用铅酸蓄电池的术语、型号、结构、产品分类、技术要求、试验方法、检验规则以及包装、运输和贮存。适用于摩托车起动、点火、照明用的铅酸蓄电池
14	GB/T 7404.2—2013	轨道交通车辆用铅酸蓄电池　第2部分：内燃机车用阀控式铅酸蓄电池	规定了内燃机车用阀控式铅酸蓄电池的产品分类与命名、要求、试验方法、检验规则及标志、包装、运输、贮存等。适用于内燃机车的起动及辅助用电设备所使用的阀控式铅酸蓄电池
15	GB/T 7404.1—2013	轨道交通车辆用铅酸蓄电池　第1部分：电力机车、地铁车辆用阀控式铅酸蓄电池	规定了电力机车、地铁车辆用阀控式铅酸蓄电池的符号、产品分类与命名、要求、试验方法、检验规则及标志、包装、运输、贮存等。适用于电力机车、地铁车辆和轻轨车辆的紧急负载及辅助用电设备所用的蓄电池
16	GB/T 7403.1—2018	牵引用铅酸蓄电池　第1部分：技术条件	规定了牵引用铅酸蓄电池一般技术要求、试验条件、试验方法、检验规则、标志、包装、运输、贮存等

续表二

序号	标准号	标准名称	主 要 内 容
17	GB/T 24914—2010	非公路旅游观光车用铅酸蓄电池	规定了非公路旅游观光车用蓄电池的技术要求、试验方法等。适用于非公路旅游观光车用干式荷电铅酸蓄电池和阀控密封式铅酸蓄电池两类，其他型式的蓄电池可参照使用
18	GB/T 32620.1—2016	电动道路车辆用铅酸蓄电池　第 1 部分：技术条件	规定了电动道路车辆用铅酸蓄电池的技术要求、试验方法、检验规则、标志、包装、运输和贮存及行车状态下蓄电池系统性能。适用于以蓄电池作为主要动力源的电动汽车、电动三轮车、高尔夫球车、旅游观光车、电动摩托车等额定容量在 32 A·h(含 32 A·h)以上使用的铅酸蓄电池和蓄电池组
19	GB/T 19639.1—2014	通用阀控式铅酸蓄电池 第 1 部分：技术条件	规定了通用阀控式铅酸蓄电池的技术要求、试验方法、检验规则、标志、包装、运输和贮存。适用于应急照明设备、不间断电源、移动测量设备等，额定容量在 65 A·h(含 65 A·h)以下的各种直流电源用蓄电池。这类铅酸蓄电池的单体电池，可以是平板电极装在方型槽中的，也可以是卷绕式电极装在圆筒中的
20	GB/T 5008.1—2013	起动用铅酸蓄电池 第 1 部分：技术条件和试验方法	规定了起动用铅酸蓄电池的分类、技术要求、试验方法、检验规则和标志、包装、运输、贮存等内容，适用于额定电压为 12 V，供各种汽车、拖拉机及其他内燃机的起动、点火和照明用排气式(富液式)铅酸蓄电池和阀控式(有气体复合功能)蓄电池
21	GB/T 13337.1—2011	固定型排气式铅酸蓄电池　第 1 部分：技术条件	规定了固定型排气式铅酸蓄电池的技术条件，包括技术要求、试验方法、检验规则、标志、包装、运输和贮存试验等。适用于开关操作、安全保护装置、信号系统、电信装置、计算机、紧急事故照明以及各种直流电源用蓄电池及蓄电池组

续表三

序号	标准号	标准名称	主要内容
22	GB/T 19638.1—2014	固定型阀控式铅酸蓄电池　第1部分：技术条件	规定了固定型阀控式铅酸蓄电池的技术要求、试验方法、检验规则、标志、包装、运输和贮存。适用于在静止的地方并与固定设备结合在一起的浮充使用或固定在蓄电池室内的用于通信、设备开关、发电、应急电源及不间断电源或类似用途的所有的固定型阀控式铅酸蓄电池和蓄电池组
23	GB/T 22199.1—2017	电动助力车用阀控式铅酸蓄电池　第1部分：技术条件	规定了电动助力车用阀控式铅酸蓄电池的技术要求、试验方法、检验规则、标志、包装、运输、贮存及使用要求
24	GB/T 10978.2—1989	煤矿防爆特殊型电源装置用铅酸蓄电池产品品种与规格	规定了煤矿防爆特殊型电源装置用铅酸蓄电池产品品种与规格。用于煤矿电力牵引车辆和与煤矿同级别条件下的其他场所物料搬运设备用防爆电源装置中的铅酸蓄电池

表2-17 锂电池标准

序号	标准号	标准名称	主要内容
1	GJB/Z 53.2—94	军用电池系列型谱锂电池	规定了军用锂电池的标准系列和品种，以及选择和应用导则
2	GJB 916B—2011	军用锂原电池通用规范	规定了军用锂原电池的通用要求、质量保证规定、交货准备等。适用于军用通信用非贮备式的锂原电池(组)以及组成该电池的单体锂原电池。其他军事领域用的电池和单体电池可参照采用
3	GJB 2374A—2013	锂电池安全要求	规定了锂电池在设计、材料、制造、包装、运输、贮存、使用和报废处置过程中的基本安全要求。适用于锂电池，包括锂原电池和锂蓄电池，锂离子蓄电池可参照使用
4	GJB 9535—2018	水雷锂电池组规范	适用于水雷锂电池组

续表一

序号	标准号	标准名称	主要内容
5	GJB 6789—2009	空间用锂离子蓄电池通用规范	规定了空间用锂离子蓄电池的通用技术要求、质量保证规定及交货准备等
6	GJB 6789/1—2017	空间用锂离子蓄电池详细规范	规定了低地球轨道(LEO)或地球同步轨道(GEO)应用的钴基正极、全密封结构形式的空间用锂离子蓄电池的详细要求。其他轨道应用的同类产品可参照采用本规范。适用于 $ICR_1 10$、$ICR_1 15$、$ICR_1 20$、$ICR_1 25$、$ICR_1 30$、$ICR_1 50$、$ICP_1 10$、$ICP_1 20$、$ICP_1 25$、$ICP_1 30$ 和 $ICP_1 50$ 空间用锂离子蓄电池
7	GJB 4477—2002	锂离子蓄电池组通用规范	规定了锂离子蓄电池组的共性要求、质量保证规定和交货准备
8	GJB 9132—2017	水中兵器用锂离子单体蓄电池通用规范	规定了水中兵器用锂离子单体蓄电池的通用技术要求、质量保证规定及交货准备等
9	GJB 8173—2015	锂-亚硫酰氯方形电池通用规范	规定了军用锂-亚硫酰氯方形电池的通用要求、质量保证和交货准备等。适用于军用锂-亚硫酰氯方形单体电池和其电池组的研制、生产、检验和验收
10	GJB 3156—1998	锂-氧化铜电池通用规范	规定了锂-氧化铜电池的通用要求、质量保证规定以及交货准备
11	GJB 2278—1995	锂-亚硫酰氯电池通用规范	规定了锂-亚硫酰氯电池的要求、质量保证规定、交货准备和说明事项。适用于非储备型一次锂-亚硫酰氯电池
12	GJB 916A—2001	锂-二氧化硫电池通用规范	规定了非储备式一次锂-二氧化硫电池的技术要求、质量保证规定和交货准备
13	GJB 916/1—2000	锂-二氧化硫电池系列规范	规定了一次锂-二氧化硫电池(组)系列的技术要求、质量保证规定和交货准备
14	GJB 2912—1997	锂-二氧化锰电池通用规范	规定了锂-二氧化锰电池的要求、质量保证规定和交货准备。适用于非储备式一次锂-二氧化锰柱式电池。其他形式锂-二氧化锰电池也可参照本规范执行

续表二

序号	标准号	标准名称	主要内容
15	GB/T 36276—2018	电力储能用锂离子电池	规定了电力储能用锂离子电池的规格、技术要求和检验规则等内容
16	GB/T 36672—2018	电动摩托车和电动轻便摩托车用锂离子电池	规定了电动摩托车和电动轻便摩托车用锂离子电池的模块型号、蓄电池系统要求、试验方法、标识、包装、运输与贮存
17	GB/T 36972—2018	电动自行车用锂离子蓄电池	规定了电动自行车用锂离子蓄电池的术语和定义、符号和型号命名、要求、试验方法、检验规则和标志、包装、运输及贮存
18	GB/Z 18333.1—2001	电动道路车辆用锂离子蓄电池	规定了电动道路车辆用锂离子蓄电池的要求、试验方法、检验规则、标志、包装、运输和贮存。适用于电动道路车辆用额定电压 21.6 V 和 14.4 V 的锂离子蓄电池
19	GB/T 38314—2019	宇航用锂离子蓄电池组设计与验证要求	规定了宇航用锂离子蓄电池组(包括聚合物锂离子蓄电池组)的设计和最低验证要求
20	GB/T 30426—2013	含碱性或其他非酸性电解质的蓄电池和蓄电池组便携式锂蓄电池和蓄电池组	规定了便携式单体锂蓄电池和蓄电池组的性能试验、命名、标志、尺寸和其他要求。规定了最低的性能要求和标准的测试方法，以及向使用者出具的测试结果。适用于采用各种电化学体系的锂蓄电池和蓄电池组，每一个电化学对在放电过程中具有特定的放电电压范围以及典型的标称电压和放电终止电压
21	GB/T 18287—2013	移动电话用锂离子蓄电池及蓄电池组总规范	规定了移动电话用锂离子蓄电池及蓄电池组的术语和定义、要求、试验方法、质量评定及标志、包装、运输和储存。适用于移动电话用锂离子蓄电池及蓄电池组。其他移动通信终端产品用锂离子电池及电池组可参照执行

第 3 章　装备电池的使用与管理

不同类型电池的工作原理均不相同，因而其使用方法也有较大差异。为保证电池在使用过程中发挥最大能效，有必要全面了解各型电池的使用及管理方法。

3.1　蓄电池的充放电

蓄电池可以进行反复充放电操作，其充放电模式的不同对蓄电池工作状态、寿命都有不同影响，同时，不同类型电池也有不同的最佳充放电方式。蓄电池的充放电一般需要利用相应的充放电设备。目前市场上常用的充放电设备不仅可实现多种充电模式，还具有电池状态评估及寿命预测等辅助功能。

3.1.1　充放电简介

1. 蓄电池的充电方式

蓄电池的充电方式主要有恒流充电、恒压充电、恒流恒压充电、快速充电、均衡充电等几种。

1）恒流充电

恒流充电是一直以恒定不变的电流进行充电，充电结束以电池或电池组的端电压达到设定值为准。由于充电电流不变，因此需要考虑电池能够接受的充电电流的大小，不同电池允许的电流范围不同，如铅酸蓄电池一般采用 0.1～0.2 C 进行充电，锂离子电池一般可以采用 0.5～1 C 进行充电。

恒流充电法可以很容易计算电池充入的电量，因此使用方便。但是，如果不改变充电电流，在充电后期容易使铅酸蓄电池造成水分分解，影响其寿命和性能。针对这个问题，恒流充电可以调整为分段恒流，就是在充电后期降低恒流电流大小，这种方式更适用于铅酸蓄电池。

2）恒压充电

恒压充电是根据蓄电池的电压要求，采用恒定电压对蓄电池进行充电，当充电电流小于设定值时停止充电。恒压充电的电流开始大，速度快，但随着电池电压的升高而逐渐减小到零，最终使充电停止，不必人工调整和照管，充电时间比较短，充电效率高。恒压充电的主要问题是电流大小不能调整，开始时可能会存在充电电流超限的问题，另外不太容易保证蓄电池彻底充满。目前，恒压充电方式的应用比恒流方式少很多。

3）恒流恒压充电

这种方式是将恒流和恒压两种方式进行了结合。在电池的充电开始阶段采用恒流方式，当电池电压充到一定限值时，转入恒压方式，最终当充电电流降低到设定值以下时停止充电。这种充电方法由于分成两个阶段，恒流段可以保证充电速度较快，恒压段通过小电流充电可以使电池充满，避免恒流段因为电池极化内阻的原因导致电池电压较高，从而出现电池过压的问题。恒流恒压模式具有充电效率高、电池损伤小、适用不同电池类型等优点，是目前重要的电池充电方式。

4）快速充电

快速充电是指以大电流对电池进行充电的充电方式。快速充电可缩短充电时间。

对于锂离子电池而言，快速充电的方法就是加大充电电流，因此是否进行快速充电需要考虑电池本身的耐受能力，不能盲目加大充电电流。

对于铅酸蓄电池，快速充电有脉冲快速充电和大电流递减充电两种充电方式。

(1) 脉冲快速充电的特点是，采用1～2倍的倍率大电流充电，使蓄电池在短时间内充至额定容量的50%～60%时即停止充电，由控制电路自动转为脉冲充电：充电5秒，然后停充25～40 ms(前停充)，接着再放电或反充电，使蓄电池反向通过一个较大的脉冲电流(脉冲深度为充电电流的1.5～3倍，脉冲宽度为150～l000 μm)，然后再停止充电25 ms(后停充)，如此循环直至充足。

(2) 大电流递减充电重要是利用了蓄电池在低荷电状态时具有高充电接受的特点，开始以大电流充电(一般采用0.2C至0.4C倍率)，然后以一定的电流差值递减，最后降至一定的电流值，直至蓄电池充足。上述方法具有充电时间短(一般新蓄电池初充电不超过5 h，补充充电只需0.5～1.0 h)、空气污染小、省电节能以及不需专人看管等优点。一般适用于要求在极短的时间内对蓄电池执行快速充电的场合，也普遍适用于使用间歇对蓄电池进行补充充电。

5）均衡充电

均衡充电是以正常电流对电池组串充电，在充电的过程中，电池管理系统参与充电过程。电池管理系统在充电过程中实时计算一串电池中各个单体电池的 SoC，并根据各个电池的 SoC 差异，通过主动均衡电路或被动均衡电路，对电池之间的 SoC 差异进行调节，达到充电完成时各个电池 SoC 一致的目的。这种模式是比较理想的充电方式，可以和恒流、恒压等不同方式进行配合，适合串联电池充电，但是需要外加电池均衡管理电路。

2. 蓄电池的放电

1）恒流放电

恒流放电时，设定电流值，然后通过调节数控恒流源来达到这一电流值，从而实现电池的恒流放电，同时采集电池的端电压的变化，用来检测电池的放电特性。恒流放电是放电电流不变，但是电池电压持续下降，所以功率持续下降的放电。由于用恒电流放电，采用电流与时间的乘积就可以获得放电电量。恒流放电是锂离子电池测试中最常使用的放电方式。

2）恒功率放电

恒功率放电时，首先设定恒功率的功率值 P，并采集电池的输出电压 U。在放电过程中，要求 P 恒定不变，但是 U 是不断变化的，所以需要根据公式 $I=P/U$ 不断地调节数控恒流源的电流 I 以达到恒功率放电的目的。保持放电功率不变，因放电过程中电池的电压持续下降，所以恒功率放电中电流是持续上升的。由于用恒功率放电，时间坐标轴很容易转换为能量(功率与时间的乘积)坐标轴。

3）恒阻放电

恒阻放电时，首先设定恒定的电阻值 R，采集电池的输出电压 U，在放电过程中，要求 R 恒定不变，但是 U 是不断变化的，所以需要根据公式 $I=U/R$ 不断地调节数控恒流源的电流 I 值以达到恒电阻放电的目的。电池的电压在放电过程中是一直在下降的，电阻不变，所以放电电流 I 也是一个下降的过程。

4）连续放电、间歇放电和脉冲放电

电池在恒电流、恒功率和恒电阻三种方式下放电的同时，利用定时功能以实现连续放电、间歇放电和脉冲放电的控制。

3.1.2　充放电设备

蓄电池充放电电源(即电池充电机)作为充放电的主要设备，通常既可实现充电功能，亦可实现逆变放电功能，充放电均实现电量计量，从而确保蓄电池的高效运转。

蓄电池充放电电源主要由整流变压电路，全控桥式逆变电路，正负极换向电路，PLC控制电路，稳压、限压电路，稳流、限流保护电路，以及液晶显示屏和辅助电源电路等优化组合而成，如图3－1所示。

图3－1　蓄电池充放电电源

电源采用全控桥式可逆变原理工作，三相电网(或单相)交流输入电压经电源开关进入蓄电池充放电电源后，首先送入隔离降压变压器，经隔离降压后再进入晶闸管智能模块进行整流，得到降压后的直流电压，然后经平滑滤波后生成平滑的直流电压，提供给负载使用。逆变时，由PLC工控机控制设备进行自动换相，蓄电池的直流电压经电器开关进入全控智能整流模块，逆变成可控的交流电压，然后回馈到电网上。

输出端分别接有稳压、限流和稳流、限压反馈环路，当设置于稳压状态时，稳压和限流电路起作用，当输出电压升高或下降时，取样电压通过稳压电路内部电压跟基准电压比较，产生的误差信号电压控制电路，使电路输出脉宽作相应变化，从而稳定输出电压。如负载电流过高时，限流电路工作，使输出电流限制在限流设定值内。同样，在稳流状态下，稳流电路作用，使输出电流稳定在设定值内。而当过压时，限压电路使输出电压钳压在限压值。当有异常情况(如输入过压或欠压，过流或过热等)时，产生保护信号加到保护控制电路，系统停止输出，同时，点亮故障报警指示灯，引鸣报警器，从而达到保护设备的目的，蓄电池充放电电源工作原理图如图3－2。

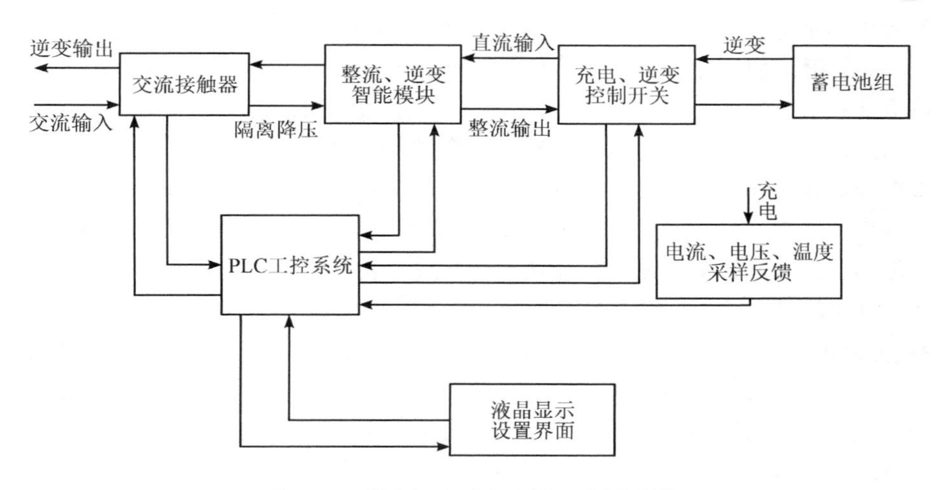

图 3-2　蓄电池充放电电源工作原理图

蓄电池充放电电源控制系统可按照设置对蓄电池进行充放电控制。在整个系统运行过程中，控制器通过信号检测电路，检测运行过程中的电流和电压参数，并将这些信息实时地显示在液晶显示器上。

3.2　铅酸蓄电池的充放电

3.2.1　铅酸蓄电池的充放电要求

1. 铅酸蓄电池的充电要求

铅酸蓄电池的使用场合不同，充电方式也不同。常采用均衡充电和浮充充电的方式来保证铅酸蓄电池的放电时间和使用寿命。在不同的环境温度下，铅酸蓄电池的充电电压应根据温度的高低做相应的调整(温度补偿)，否则会出现铅酸蓄电池充不满或过电压充电而导致的铅酸蓄电池寿命缩短甚至损坏的情况。充电电流采用分阶段限流充电方式，即在充电初期采用较大的电流，然后电流逐步减小。充电电流的设计一般不超过 0.1 C(10 小时率)，当充电电流超过 0.3 C 时可认为是过电流充电。过电流充电会导致铅酸蓄电池极板弯曲，活性物质脱落，造成铅酸蓄电池供电容量下降，严重时会损坏铅酸蓄电池。一般，单节铅酸蓄电池的充电上限电压为 2.4 V。

2. 铅酸蓄电池的放电要求

在电池使用过程中，电池放出的容量与额定容量的占比即为放电深度。铅酸蓄电池放电深度对铅酸蓄电池的使用寿命影响非常大，铅酸蓄电池放电深度越深，其循环使用次数就越少。在轻载放电或空载放电的情况下，虽然小电流放电能提高铅酸蓄电池的放电效率，但是当用极小的电流（小于 0.05 C）长时间（超过 8 小时）放电时，会造成铅酸蓄电池严重的深度放电。一般，单节铅酸蓄电池放电的下限放电电压是 1.5 V（需要根据放电电流大小调整），12 V 铅酸蓄电池的放电终止电压一般在 10.8 V，当放电终止电压在 10.5 V 以下时，电池内阻开始增大，电池极板加速老化。因此，放电深度控制在 30%～50%最佳，防止超过 70%。

另外，铅酸蓄电池放电时间的长短和放电电流有很大关系，且放电电流越大，铅酸蓄电池的使用效率越低。特别是在大电流充放电的情况下，电池内部的氢气和氧气含量剧增，同时会出现热量，当热量和氢气、氧气等其他物质积聚到一定程度时，极易引起火灾或爆炸。因此，铅酸蓄电池的放电电流控制在 0.25～0.5 C 最佳，不要超过 2 C。铅酸蓄电池主要有以下几个放电要求。

（1）铅酸蓄电池放电电流要求。一般来说，放电速率是电池放电的时间速率和电流速率。放电时间速率是指在一定放电条件下，放电电压与终止电压之间的时间。按照 IEC 标准，放电时间速率分别为 20 小时、10 小时、5 小时、3 小时、2 小时、1 小时、0.5 小时等。

（2）放电终止电压要求。在不同的放电电流下，端电压是不同的。随着放电的进行，铅酸蓄电池端电压逐渐降低。用于 25℃充电的最低电压称为放电终止电压。放电终止电压随放电速率的不同而不同。在 10 小时速率放电时，大多数终端电压为 1.8 V/单栅，2 小时速率下的端电压为 1.75 V/单栅。在此电压以下，虽然可以释放稍多的功率，但很容易形成充电容量下降，所以除非特殊情况，否则不要放电到终止电压。

（3）放电温度要求。铅酸蓄电池的低温放电容量小，高温放电容量大。

3.2.2 铅酸蓄电池的充放电方法

1. 普通铅酸蓄电池充电方法

对于普通铅酸蓄电池（富液式、开口式铅酸蓄电池）而言，一般充电状态分为三种。

1）*初充电*

初充电即为铅酸蓄电池在生产过程中首次充电。使用时先注入电解液，在单体电池中加入密度为 1.285±0.005 g/cm^3（25℃）的电解液，使电解液达到规定高度，放置 1～6 小时后，再检查液面，如果液面降低到电池标记的下限以下，需要补充电解液到规定高度。电池一般要求持续充电 10～12 小时。充完电后，确认电解液高度，如果不够高，放入同密度的电解液调节高度至规定高度。

2）正常充电

对使用过的铅酸蓄电池进行充电称为正常充电。可采用二阶段充电法，即第一阶段按额定容量的 10% 选取电流充电，当铅酸蓄电池电压达到约 2.4 V/单体时转第二阶段，按额定容量的 6% 选取电流充电，在同样的电流下，连续 3 小时铅酸蓄电池电压值不再变化且铅酸蓄电池内部有大量气泡产生时即充足电。正常充电时，充入的电量应是前一次放出电量的 120%～135%，以避免铅酸蓄电池充电不足或过充。

3）过量充电

使用一段时间后，铅酸蓄电池极板上会残留一些硫酸铅，为使铅酸蓄电池恢复其应有的容量，必须对极板进行过度充电。

2. 密封阀控式铅酸蓄电池充电方法

对于密封阀控式铅酸蓄电池(免维护蓄电池)，由于其是充电态带液电池，使用常规恒流充电方法充电会消耗较多的水。如果条件受限制，充电时充电电流应稍小些，且不能进行快速充电，以免铅酸蓄电池发生爆炸，造成人员伤亡。充电方法如下：

1）恒压充电

当铅酸蓄电池放电后，应立即进行恒压充电，即恒定充电电压为 2.35～2.4 V，最大充电电流限制为 0.25 C，推荐采用充电电流为 0.1 C。在 25℃时，全放电态电池充满电需 10～15 小时，充电电压应随环境温度的变化而调整。若充电电流连续 3 小时不变化，则表明铅酸蓄电池已充满电。

2）均衡充电

为确保铅酸蓄电池组中所有电池达到均匀一致，可采用均衡充电(也叫均充)。对于铅酸蓄电池而言，在下列情况下需要对铅酸蓄电池组进行均衡充电。

(1) 电池系统安装完毕，对电池组进行补充充电。

(2) 电池组浮充运行 3 个月后，有个别电池浮充电压低于 2.2 V。

(3) 电池组循环运行 1 个月后，有电池开路电压低于 2.1 V。

(4) 电池搁置停用时间超过 3 个月。

(5) 电池全浮充运行达 3 个月。

均衡充电推荐采用如下方法进行：常温下，最大充电电流为 0.25 C，充电电压为2.3～2.4 V，充电时间为12～24小时。

充电时，不论采用何种方式，必须遵守以下规则：每放出1 A·h的电量，必须补充1.1～1.15 A·h的电量，以确保蓄电池充足电。

3）浮充充电

为了平衡铅酸蓄电池自放电造成的容量损耗，要对铅酸蓄电池进行一种持续的、长时间的恒电压充电，这种充电模式就是浮充充电。在浮充充电模式下，即使铅酸蓄电池处于充满状态，充电也不会停止，仍会向铅酸蓄电池供应恒定的浮充电压和很小的电流，此时的充电电压基本上是恒定的值(环境温度为25℃时，充电电压按铅酸蓄电池厂家规定值选用)。浮充的特点是恒压，以很小的电流来补充铅酸蓄电池自放电的容量，使铅酸蓄电池容量始终处于饱和状态。浮充充电模式普遍用于铅酸蓄电池不常放电的场所或仅作为应急备用的模式。

4）脉冲充电

所谓脉冲充电，就是充充停停的间歇充电，充一大段时间，歇一小段时间，例如充电0.3秒，停充0.1秒，依次循环。脉冲充电对电池充电时引起的发热有一定的限制作用。

5）电池修复充电

影响铅酸蓄电池寿命的一个重要问题是极板极化问题。电池修复充电也是脉冲充电的一种，所不同的是：脉冲充电循环过程是充电⇄停充；修复充电循环过程是：充电⇄停充⇄深层放电⇄停放⇄再充电。通过深层放电达到去极化的效果，使被充电池逐渐恢复容量。

3. 放电方法

放电是指由电池组单独对负载进行供电。放电包括电池组容量检查放电和市电中断不能及时启动油机发电两种情况的单独放电(后者也叫应急放电)。

1）容量检查放电

一般，正常运行且处于浮充供电条件下的电池组应每三个月进行一次容量检查放电。检查放电的电池组应先充满电，经过1～2小时的静止后，再进行单独放电。

2）电池组应急条件下的放电

电池组应急条件下的放电就是在市电中断的条件下，使用电池组单独向负载供电。这种情况下的单独放电，时间不宜过长，按实际负载电流计算，一般放电容量要控制在 100～120 A·h 内，只能以额定容量的 20%进行放电，也就是说这种条件下的放电要区别于容量检查的较深度的放电。

3.3　锂离子电池的充放电

3.3.1　锂离子电池的充放电要求

1. 锂离子电池的充电

根据锂离子电池的结构特性，最高充电终止电压应为 3.7～4.2 V(不同锂离子电池的最高充电终止电压不同)，不能过充。通常恒流充电截止再转恒压充电，当恒压充电电流降至限定值以下时，停止充电。

1）三元锂离子电池

最高充电终止电压为 4.2 V，不能过充，否则会因正极的锂离子丢失太多而使电池报废。对三元锂离子电池包充电时，应采用专用的恒流、恒压充电器。先恒流充电至三元锂离子电池两端电压为 4.2 V 后，再转入恒压充电模式，当恒压充电电流降至 100 mA 时，应停止充电。充电电流可为 0.1～1.5 C，例如：1350 mA·h 的三元锂离子电池，其充电电流可控制在 135～2025 mA。常规充电电流可选择在 0.5C 左右，充电时间约为 2～3 小时。

2）磷酸铁锂离子电池

充电上限电压为 3.7～4 V，放电下限电压为 2～2.5 V，综合考虑放电容量、放电中值电压、充电时间、恒流容量百分比、安全性这 5 个方面，采用恒流恒压的充电方案。对于磷酸铁锂离子电池，充电上限电压设定在 3.55～3.70 V 较合理，推荐值为 3.60～3.65 V，放电下限电压为 2.2～2.5 V。

2. 锂离子电池的放电

1）三元锂离子电池

根据三元锂离子电池内部结构，放电时锂离子不能全部移向正极，必须保留一部分锂离子在负极，以保证在下次充电时锂离子能够畅通地嵌入通道。否则，三元锂离子电池寿命会缩短。为了保证石墨层中放电后留有部分锂离子，就要严格限制放电终止最低电压，也就是说三元锂离子电池不能过放电。单节三元锂离子电池的放电终止电压通常为 3.0 V，最低不能低于 2.5 V。三元锂离子电池放电时间长短与电池容量、放电电流大小有关。

三元锂离子电池放电时间(小时)= 电池容量/放电电流，且三元锂离子电池放电电流不应超过电池容量的 3 倍，例如：1000 mA·h 的三元锂离子电池，放电电流应严格控制在 3 A 以内，否则会损坏电池。

2）磷酸铁锂离子电池

磷酸铁锂离子电池和三元锂离子电池一样，也不能过放电，在应用中必须对放电电流和放电截止电压进行约束。放电电流的大小一般可以根据磷酸铁锂离子电池给出的参数决定，在实际应用中尽量减小放电电流的大小，以提高磷酸铁锂离子电池的使用寿命和安全性。一般，磷酸铁锂离子电池的放电下限电压为 2～2.5 V。

3.3.2 锂离子电池的充放电方法

1. 三元锂离子电池的充电方法

三元锂离子电池一般会要求充电进程按涓流充电(低压预充)、恒流充电、恒压充电以及充电停止四个阶段进行管控。

阶段 1：涓流充电。先用涓流充电对彻底放电的电池单元进行预充(恢复性充电)。在三元锂离子电池电压低于 3 V 左右时，选用涓流充电，涓流充电电流是恒流充电电流的十分之一，即 0.1 C(以恒定充电电流为 1 A 举例，则涓流充电电流为 100 mA)。

阶段 2：恒流充电。当三元锂离子电池电压上升到涓流充电阈值以上时，提高充电电流进行恒流充电。恒流充电的电流在 0.2 C 至 1.0 C。电池电压跟着恒流充电进程逐渐升高，一般单节三元锂离子电池设定的此电压为 3.0～4.2 V。

阶段 3：恒压充电。当三元锂离子电池电压上升到 4.2 V 时，恒流充电完毕，开始恒压充电阶段。电流依据电芯的饱和程度，跟着充电进程的继续充电电流由最大值渐渐减小，当减小到 0.01 C 时，为充电停止。

阶段 4：充电停止。有两种典型的充电停止办法：选用最小充电电流判别或选用定时器。最小充电电流判别法监督恒压充电阶段的充电电流，并在充电电流小于 0.02 C 时停止充电。第二种办法，从恒压充电阶段开始计时，持续充电两个小时后停止充电进程。

2. 磷酸铁锂离子电池组的充电方式

(1) 恒压充电法。在充电过程中，充电电源的输出电压保持恒定。随着磷酸铁锂离子电池组的荷电状态的变化，自动调整充电电流，如果规定的电压恒定值适宜，就既能保证电池的完全充电，又能尽量减少析气和失水。这种充电方法只考虑电池电压单一状态的变化，不能有效地反映电池的整体充电状况。它的起始充电电流过大，往往造成电池的损坏。鉴于这种缺点，恒压充电很少采用。

(2) 恒流充电法。在整个充电过程中，通过调整输出电压使充电电流保持恒定。保持充电电流不变，其充电速率相对来讲都比较低。恒流充电法控制方法简单，但由于磷酸铁锂离子电池组的可接受电流能力是随着充电过程的进行而逐渐下降的，到充电后期，电池受电能力下降，充电电流利用率大大降低。这种方法的优点是操作简单方便，易于实现，充电电量容易计算。

(3) 恒流恒压充电法。这种充电方法是上述两者的简单结合。第一阶段采用恒流充电方法，避免了恒压充电刚开始时的充电电流过大。第二阶段采用恒压充电方法，避免了恒流充电时导致过充电的现象。磷酸铁锂离子电池组和其他任何密封式可充电电池一样，要对充电进行控制，不能滥充，否则就容易损坏电池。磷酸铁锂离子电池组一般采用先恒流后限压的充电方法。

(4) 斩波充电法。采用斩波的方法进行充电。这种方法下，恒流源的电流不变，而通过开关管控制恒流源输出，使其开通一段时间后再关断一段时间，循环往复。这种方法的优点在于：当通过外部电路对磷酸铁锂离子电池充电时，电池内部的离子产生需要有一定的响应时间，如果持续不断地对它进行充电，可能会降低其容量的潜能。而在充电一段时间后，加入一个关断的时间，就可以让磷酸铁锂离子电池两极产生的离子有一个扩散的过程，使得电池有了一个“消化”的时间，这会使电池的利用率大大增加，改善充电效果。

3. 锂离子电池的放电方式

(1) 恒流放电。恒流放电时，设定电流值，然后通过调节数控恒流源来达到这一电流值，从而实现电池的恒流放电，同时采集电池的端电压的变化，用来检测电池的放电特性。恒流放电是放电电流不变，但是电池电压持续下降，所以功率持续下降的放电。

(2) 恒功率放电。恒功率放电时，首先设定恒功率的功率值 P，并采集电池的输出电压 U。在放电过程中，要求 P 恒定不变，但是 U 是不断变化的，所以需要根据公式 $I = P/U$ 不断地调节数控恒流源的电流 I 以达到恒功率放电的目的。保持放电功率不变，因放电过程中电池的电压持续下降，所以恒功率放电中电流是持续上升的。由于用恒功率放电，时间坐标轴很容易转换为能量(功率与时间的乘积)坐标轴。

(3) 恒阻放电。恒阻放电时，首先设定恒定的电阻值 R，采集电池的输出电压 U，在放电过程中，要求 R 恒定不变，但是 U 是不断变化的，所以需要根据公式 $I = U/R$ 不断地调节数控恒流源的电流 I 值以达到恒电阻放电的目的。电池的电压在放电过程中是一直在下降的，电阻不变，所以放电电流 I 也是一个下降的过程。

3.4 碱性蓄电池的充放电

镉镍蓄电池的充电方式和其他电池的充电方式有共同点也有不同点。镉镍蓄电池的充电方式主要有以下两种：恒流充电和浮充电。浮充电又称为恒流恒压充电，即先恒流充电，待电池充电电压达到设定值后，改为恒压充电。浮充电在一定程度上使电池不会过充，保证了电池在充电时候的安全可靠性。

3.4.1 碱性蓄电池的充放电要求

1. 镉镍蓄电池的充放电要求

(1) 充放电期间电池温度不可过热。充电电池正常运用的环境温度一般为10～30℃，电池温度超过40℃时，会严重缩短电池的寿命，温度过高会使电池内部碱性的电解质蒸发干涸。造成电池温度过高的原因是充电电流过大、过充电，电池严重发热，或者有些充电器结构不合理，在充电时产生的热量无法散去，此类原因造成损坏的电池无法维修，只能替换。

(2) 电池不可短路。假如电池的质量欠佳或者过度放电，会引起电池正、负电极间短路，此刻万用表测量会发现电池两极的电压为零、电阻为零。修正时，用较高电压的稳压电源或电池组对毛病电池进行正对正、负对负的大电流冲击放电几回，一般能将短路点击毁，然后进行惯例充电。修正后的电池要防止过度放电。

(3) 充电电流一般应控制在电池安培小时(A・h)的十分之一。5 号电池(AA 型)的安培小时为 0.5～0.6 A・h，所以充电电流应控制在 50 mA 左右。7 号电池(AAA 型)的安培小时约为 0.2 A・h，充电电流应在 20 mA 左右。即使可以快充的电池也应尽量避免快充。电池在快充时，要注意充电电池的温度。当温度达到 50℃时，应停止充电。

(4) 充电终止电压。在 1.5～1.6 V 之间，当用充电器的快充挡充电时，一般充 5～7 小时为宜；当用慢充挡充电时，以充 12～15 小时为宜。

2. 锌银蓄电池的充放电要求

(1) 锌银一次电池和锌银蓄电池或电池组都是以干态出厂，直到使用前才注入电解液(常称为“激活”)。注入电解液质量的好坏对电池的性能有着直接的影响，是使用中的第一个环节。注入电解液的方法有滴注、抽气注液、负压渗透三种，具体采用何种方法应按产品的使用维护说明书要求进行。

(2) 锌银蓄电池不宜过早注入电解液，尽可能地在用电器其他准备工作都做好的前提下适时地实施，否则电池会因碱电解液对隔膜的侵蚀和银迁移对隔膜的氧化损坏，缩短电池的实际使用寿命。干式放电态的蓄电池一般在使用前3～5 天注入电解液，使电解液充分渗透电极与隔膜才能使用；至于干式荷电态的蓄电池，在使用前几个小时甚至 30 分钟注入电解液即可。

(3) 锌银蓄电池的低温放电性能不好。一般的工作温度在 20℃以上可获得正常的容量和电压。当温度低于 15℃时，可以见到明显的不利影响。若用电设备要求的电压精度高，应考虑对电池和电池组采取加温和保温措施。

(4) 锌银蓄电池充电时的充电率对充电的容量有影响，太高的充电率会使电池充电不完全，荷电量低；太低的充电率会使电池充电时间过长。一般的充电率为 10～20 小时，充电的电流密度 3～6 mA/cm^2。

(5) 锌银蓄电池充电时是按充电终止电压来控制的，除某些专用电池有特殊规定外，一般规定在 2.05～2.10 V，充电终止。当电压超过 2.10 V 时，就叫做“过充电”，过充电对电池有很大的破坏作用，严重影响使用寿命，因此，要竭力避免。

(6) 锌银蓄电池充电时的温度对充电的效果有大的影响。一般充电时，电池的温度控制在 15～40℃，特别应避免在 0℃以下充电。低温充电或高温充电都可能造成蓄电池充电电量不足。

(7) 自动激活。锌银一次电池激活后通常寿命很短。激活后，如不使用，在短时间内(一般不超过 0.5 小时)即失效。特别是大容量高功率的鱼雷推进器动力电源激活后，如不使用，超过规定的搁置时间会出现安全问题。电池组可能发生内短路，产生高温、高气压，电解液泄漏和外短路，从而引起爆炸起火，损害武器系统和舰船，应注意采取必要的防范措施。

3.4.2　碱性蓄电池的充放电方法

1. 镉镍蓄电池的充放电方法

1) 活化充电

蓄电池长期搁置或长期浮充电容易造成电池电量不均或电量不足，主要是活性物质发生较大的电化学变化而引起，决不是寿命终止。为保证蓄电池可靠的工作状态，延长电池寿命，可以用 0.1 C 充放电 1～2 次使电池活化，恢复到定容量，再重新充电后即可。活化工作可在每年检修期内进行，活化处理方法如下。

（1）对电池以 0.1 C 放电至每个电池平均电压达到 0.9 V。

（2）以 0.1 C 充电 15 小时，充电 5 分钟后检查测量电池单体电压，如果高于 1.55 V，则认为电池电解液不足，应补加蒸馏水，10 分钟后，再次测量电池电压，将电压高于 1.55 V 和低于 1.2 V 的电池，有条件的取出单独处理，否则增加 1～2 次充放电循环。

（3）连续充电 15 小时，测量电池单体电压，若低于 1.45 V，则认为该电池不正常。

（4）若放电容量不足，可重复充放一次，直到达到标称容量为止，如活化多次仍达不到 70%标称容量值时，则认为电池已失效。

2）浮充电

浮充电是将蓄电池和整流器并联，给负荷供电的一种运行方式，蓄电池容量的损失，由整流器以微小的电流来补偿。

若浮充电压低于规定值时，蓄电池对外放电，从而不能保证蓄电池处于满容量状态；浮充电压过高时，将造成过充电，需增加补水次数，影响蓄电池的使用寿命。

3）均衡充电

蓄电池的电压和容量，在使用过程中会产生不均匀误差，因此，为纠正误差进行的均衡充电是必要的。在正常浮充电运行情况下，推荐 12 个月进行一次均衡充电，且在春秋两季进行均衡充电效果比较好，冬季比较寒冷，内部阻抗上升，充电效果不好。夏季比较热，蓄电池温度上升快，充电效果亦不理想。

4）放电

镉镍蓄电池必须按规定要求进行放电，通常采用 5 小时率或 10 小时率恒流放电，放电至端电压下降为 1V，即可认为容量消耗结束。

2. 锌银蓄电池的充放电方法

锌银蓄电池的充电一般采用恒流充电法，其原理和前面介绍的一致，一般充电电流为 0.2 C，需要快速补充电能时，可将电流扩大到 0.3 C。

放电时，考虑不同的工作状态，包括化成、容量检查等，其放电电流需要控制在 0.1 C 和 0.2 C。

3.5 干电池的使用要求

锌锰或碱性锌锰干电池在使用时均须遵守相关具体要求。

(1) 更换电池时，要用相同牌号、相同型号的新电池同时换掉所有旧电池，防止新旧电池混用。

(2) 不要使电池短路。当电池的正极(+)和负极(—)直接连接时，电池就被短路了。例如：把电池和钥匙或硬币等金属物一起放在衣袋里，电池就可能被短路。

(3) 应按电池及用电器具上标明的极性标志(+和—)正确装入电池。不正确装入用电器具的电池有可能被短路或充电，使电池温度迅速升高，导致发生危险。

(4) 不要对不可充电的原电池进行充电。

(5) 应及时从用电器具中取出电量已耗尽的电池并妥善处理。放过电的电池长时间留在用电器具中有可能发生电解液泄漏而造成用电器具损坏。

(6) 从预计将长时间不用的用电器具中(紧急用途的用电器具除外)去除电池，虽然现在市场上的大部分电池都带有保护性外套或采用其他容纳泄漏物的方式，但已部分放过电或电能已耗尽的电池比未用过的电池更易泄漏。

(7) 不要加热电池，不要私自拆开电池。

(8) 在低温下使用电池时，要注意电池给出的使用范围，如果低于温度范围，需要进行加热使用。如一般锌锰干电池的低温温度为—10℃，碱性锌锰干电池的低温性能好，可以在—30℃下工作。

(9) 由于干电池都有一定的储存期，因此，取用电池时需要保证电池在其规定的储存期内，否则可能出现电池很快失效的问题。

第4章　装备电池的储存与运输

装备电池一般需要经过储存、运输后才能投入部队使用，储存和运输方式对电池状态均有不同程度的影响。本章针对各型电池的储存和运输方法及要求进行简单阐述。

4.1　电池的储存性能及其影响因素

4.1.1　电池的储存性能

电池的储存性能是指电池在一定条件下存放特定时间后，主要性能参数的变化，包括容量下降、外观情况或渗液情况。对于一次电池而言，电池的储存性能就是指电池储存期间容量的下降率。对于二次电池而言，除容量下降率外，还有外观变化及漏液比例等。其中，容量下降主要是由于电极自放电引起的，自放电率对电池的储存性能影响较大。

电池开路时，没有对外输出电能，但是电池仍然会出现自放电现象。自放电的产生主要是由于电极在电解液中的热力学不稳定性，导致电池的两个电极自行发生了氧化还原反应。即使电池干态储存，也会由于密封不严而进入空气、水分、残留杂质等，使电池发生自放电。自放电率用单位时间内容量的降低率的百分数表示，可写为

$$X=\frac{Q_{前}-Q_{后}}{Q_{前}}\times T\times 100\%$$

式中：$Q_{前}$、$Q_{后}$ 为储存前后的电池容量；T 为储存时间，通常用天、月、年表示。

自放电按照反应类型的不同可以分为物理自放电和化学自放电。

物理自放电是由物理因素引起的自放电。此时，电池内部有部分电荷从负极到达正极，与正极材料发生还原反应。其原理与常规放电不太相同，常规放

电时电子路径是外电路，速率很快，而自放电时电子路径是电解液，速率很慢。物理自放电受温度影响小，持续的物理自放电可能会导致电池开路电压为零，但其所引起的能量损失一般是可恢复的。

化学自放电是电池内部自发的化学反应所导致的电压下降、容量衰减。电池发生化学自放电时，正负极之间并没有电流形成，而是在电池正负极以及电解液之间发生了一系列复杂的化学反应，导致正极被消耗，电池的电量减少。

电池内部的自放电过程较为复杂，两种自放电可能同时进行。一般来说，物理自放电所导致的能量损失是可恢复的，而化学自放电所引起的能量损失则是基本不可逆的。

蓄电池的自放电率远比原电池高，而且电池类型不同，电池每月的自放电率也不一样，一般在5%～35%之间(锂离子电池的自放电率为2%)。原电池的自放电率明显要低得多，在室温下每年不超过2%。储存过程中，与自放电伴随着的是电池内阻的上升，这会造成电池放电倍率性能降低。在放电电流较大的情况下，能量的损失变化非常明显。电池的储存环境温度对自放电有较大的影响，一般情况下，温度越高，自放电速度越快。合理的储存条件能够有效地控制自放电程度。表4-1列举了铅酸蓄电池、镍基电池(镍氢电池、镉镍蓄电池)及锂离子电池(钴酸锂)在不同温度及荷电状态下的容量保持情况，可见不同类型电池经过存储后，剩余容量在一定程度上均会减少，且减少程度随着温度升高有所增加。通常，镍氢电池可储存3～5年，铅酸蓄电池最多可到2年，锂离子电池(钴酸锂)最多可到10年且不产生显著容量衰减。

表4-1　不同电池的存储性能比较

温度	铅酸蓄电池 SoC = 100%	镍基电池 0% < SoC < 100%	锂离子电池(钴酸锂)	
			SoC=40%	SoC=100%
0℃	97%	99%	98%	94%
25℃	90%	97%	96%	80%
40℃	62%	95%	85%	65%
60℃	38%(6个月后)	70%	75%	60%(3个月后)

4.1.2　影响电池储存性能的主要因素

电池自放电对电池储存性能影响最大。一般而言，电池的电化学体系、环境温湿度和储存时间均是影响电池自放电或者荷电保持的重要因素。

1. 温度

环境温度对电池自放电的影响较大。高温下，电池自放电的加剧可以归纳为以下原因。

（1）隔膜层稳定性变差而破裂，重新生成隔膜消耗了更多的金属离子。

（2）高温导致正极金属溶解速度加快，电子更加活跃，容易参与负极/电解液的副反应；

（3）电解液活性增强，电解液与电极之间的副反应加剧。

因此，控制好电池存储的环境温度，对电池性能至关重要。一般将电池储存在较低的温度，其自放电速率会较低，可以一定程度上延长电池的储存寿命。但过于低的温度也会对某些电池体系或者性能造成损害。

2. 湿度

有研究表明，在湿度较高（相对湿度为90%及以上）的环境中，极耳不作防潮处理的电池相比于极耳作过防潮处理的电池，自放电损失会更严重。主要是在潮湿环境中，水分子的极性引起负极中的电子向极耳移动，为保证电势平衡，负极的离子会同时向负极/电解液界面移动。因此，更容易形成电子一离子一电解质复合体，加速了可逆自放电；又或者更容易形成额外的SEI层并造成金属沉积，增加不可逆自放电损失。

3. 电池荷电状态

有研究表明，相同温度下，处于高荷电状态（SoC）条件下的电池容量衰减更快。这是因为在高SoC条件下，负极处于饱和状态，更容易形成电子一离子一电解质复合体，加剧电池的可逆自放电。以锂离子电池为例，存储过程中，若处于较高的SoC条件下，正极处于脱锂状态，具有强的氧化性，负极处于嵌锂状态，具有强的还原性，导致正负极材料极易与电解液发生反应而使电池容量衰减。

4. 静置时间

电池自放电率在静置开始时最大，此后随着时间增加而逐渐减小，直到电池老化到一定程度后，自放电率又再次上升。这是因为随着静置时间的增加，电池内部电极/电解液界面的SEI层逐渐增厚，阻碍了离子与电子在电极与电解液之间的传递，使得自放电变慢。

5. 隔膜厚度

隔膜厚度的增加可抑制室温下电池的物理自放电。隔膜厚度的增加可同时抑制电池在室温搁置过程中的压降与内阻增加，但会由于保液量的增加而导致高温搁置过程中内阻的快速增大。

6. 储存状态

大多数碱性蓄电池，尤其是镉镍蓄电池，在干态或放电态下能长期储存。铅酸蓄电池由于极板的硫酸盐化，不能在放电状态下储存，否则会损害电池的性能。在温度低于 −20℃的环境下，湿态储存蓄电池没有自放电现象。

图 4-1 以 16 A·h 三元锂离子电池为例，展示了不同温度与 SoC 下电池的老化情况。可以发现，高温储存会加速电池老化，同样较高的 SoC 也会加剧电池容量的衰减。

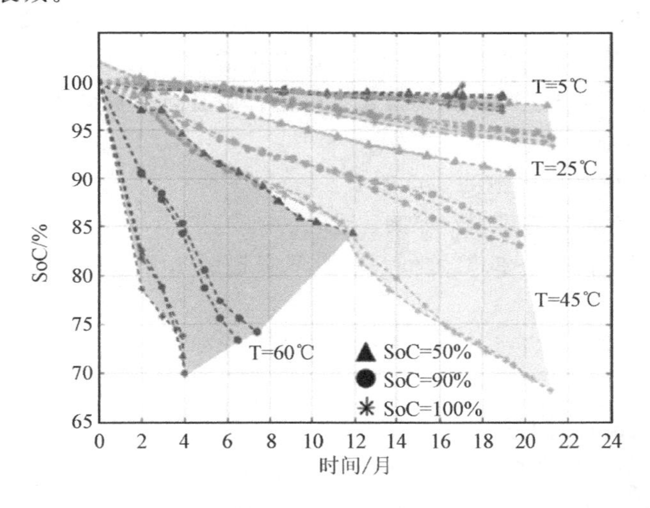

图 4-1　不同温度与 SoC 影响下的电池老化趋势

4.2　常用装备电池的储存与运输

为保证电池的储存寿命，应当注意以下电池储存基本要求。

(1) 按时查看电池的储存情况，定期检查需要在储存期间维护的电池。

(2) 温湿度是影响电池储存寿命的重要因素，高温高湿地区的仓库应力求温湿度不要超过“三七线”，即温度在 30℃以下，相对湿度在 70%以下。

(3) 存放地点应清洁、通风、干燥，并对电池有防尘、防潮、防碰撞等防护措施。

(4) 存放电池的地方应远离化学腐蚀性物质，严禁碱性电池与酸性电池存放在一起，不能将铅酸蓄电池及含液镉镍蓄电池卧放和倒置。

(5) 所有电池在储存期间不能受到机械冲击和重压。在仓库进行收发业务或转库倒换包装箱时，要严格按照生产厂家在包装箱或蓄电池外壳上的钢印日期，重新在替换的包装箱上注明标识符，按不同厂家的产品和生产年份分层码垛，并建档登记，做到账、物、卡一致。

4.2.1 干电池的储存与运输

低温条件下，干电池的活性下降，自放电率也低，如环境温度保持在 0℃就会有利于保持电池的性能。但是低温储存时，当干电池从冷库中取出后，必须恢复到室温后再使用。升温过程中，应防止水分的凝聚，因为这可能引起电池漏电。同样，湿度的控制对干电池性能也有较大影响，湿度要适中，选择在65%左右最合适。在有条件的情况下，可以考虑低温储存，但是低温储存会增加费用。目前，我国生产的碱性锌锰干电池，常温储存寿命为 9～12 个月，低温−20℃储存寿命可达 10 年左右。

采用常温储存干电池的要点如下：

(1) 电池存放区应清洁、凉爽、通风。

(2) 温度应在 10～30℃之间，一般不应超过 40℃；相对湿度一般不大于65%为宜。

(3) 存放时间不宜过长，存放时应排列整齐，切勿正、负极相连，造成电池的短路。

(4) 如果储存时间过长，可在电池负极上涂抹蜡烛油。

温度在 20～70℃范围内，主要原电池体系储存后的容量损失率如图 4-2所示，可见容量损失率与温度密切相关，低温储存一定程度上可以延长电池的寿命。

干电池运输的要点如下：

(1) 外箱标识齐全。货物外箱不可缺少危险物品标识，碱性干电池为 8 类危险品，外箱需贴 8 类危险品标签。

(2) 电池操作标签必需贴正、贴平、不能扭曲。

(3) 干电池需单独绝缘包装，内外箱不需贴电池操作标签，单箱控制在10 kg 以下。

(4) 小电池必须用防静电袋或泡沫袋或小纸盒隔离，大电池内包装必须用泡沫做好隔离。

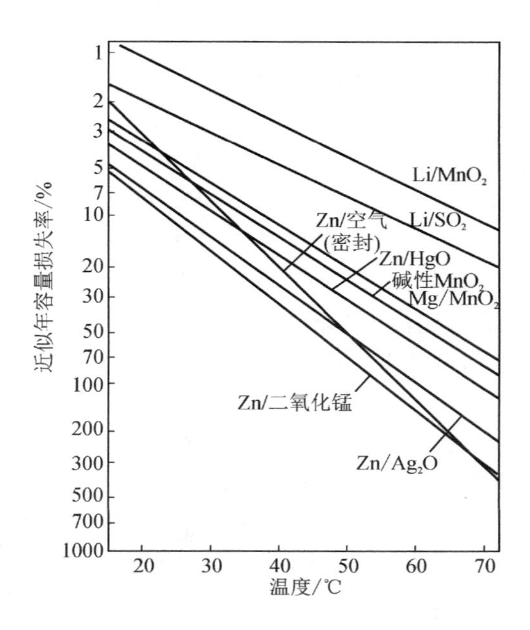

图 4-2 主要原电池体系的容量损失率

4.2.2 铅酸蓄电池的储存与运输

对于铅酸蓄电池而言，由于其种类多，储存方式也存在较大差异。

1. 普通铅酸蓄电池的储存

普通铅酸蓄电池，可以采用干态存储、湿态存储或湿态转干态存储。

1）干态存储

目前，除少量运载车配用的铅酸蓄电池外，绝大多数蓄电池都是以干态方式储存的。干态储存的蓄电池，环境温湿度应保持在“三七线”以下。尤其是开口的铅酸蓄电池，要确认密封塞拧紧。平时要注意检查密封性能是否完好，若失效，应及时更换密封塞。在不超过“三七线”的环境温湿度下，干态储存的蓄电池，若其密封性能完好，储存 20 年左右其电性能参数仍符合技术要求。

2）湿态储存

对运载车用铅酸蓄电池，一旦注入电解液，便成了在用品，湿态储存寿命最多为 3 年。湿态储存铅酸蓄电池，除注意干态储存的要求外，还要特别注意定期充电维护。对于湿态储存的蓄电池，由于自放电损耗，要定期进行维护性充放电，以保持蓄电池处于备用状态。湿态储存的蓄电池，均应储放于通风、干燥、清洁的室内，温度保持在5～35℃之间。下面是几种常见的湿态储存方法。

（1）湿态储存3个月内的蓄电池，停用前，应按使用说明要求进行均衡充电，并将外部擦拭干净。再次使用前，应重复进行一次均衡充电后再投入使用。

（2）湿态储存3个月至1年的蓄电池，停用前，应先进行均衡充电后再储存。之后，每半个月检查蓄电池的电压、电解液的比重和温度，以及是否存在漏酸、短路等现象。每2～3个月，按10小时率电流充、放电一次，使用前再进行一次均衡充电。也可在均衡充电后，把电解液的比重降为1.06进行湿态储存，以减少自放电。在使用前，把电解液的比重提高到1.28 ± 0.015进行均衡充电，在停充前2小时调整电解液的比重和温度。亚热带气候下，通常可将电解液的比重调整到1.27～1.29，充好电后即可投入使用。

（3）湿态储存一年以上的蓄电池，在其停用前，应先进行均衡充电，吸出电解液后，立即注入蒸馏水，使之高出极板20～30 mm。另外，储存过程中，应注意监视蒸馏水的高度，如有蒸发，应及时予以补充。使用前，更换比重为1.28 ± 0.015的稀硫酸溶液，按常规充电法充电，直到有大量气泡产生为止，停止充电，再次投入使用。

（4）对已经使用过的铅酸蓄电池进行湿态储存时，还有一种维护性补充充电法。即每到一个月必须用10～20小时率电流充电5～6小时，用以补充自放电损失和防止极板硫化。对要求湿态储存3个月以上的铅酸蓄电池，除了每个月进行一次维护性充电外，每到3个月，必须做一次10小时率电流的全充全放电工作，然后充满电后转入湿态储存。

3）湿态转干态储存

对固定型铅酸蓄电池，为方便储存，延长储存寿命，可将湿态蓄电池转为干态储存。具体方法为：先进行均衡充电，吸出电解液，立即注入蒸馏水，再用10小时率电流放电，放到大部分单体电池电压为0.5 V时为止；再将蒸馏水吸出，重新注入蒸馏水，浸泡24小时后取出电极板，用风扇及时吹干，将正、负电极板分别放置在5～30℃干燥、阴凉的仓库内。取出的木质隔板应浸泡在比重为1.03的稀硫酸中，防止开裂长霉。分解下的铅零件应及时清洗干净，用风扇吹干，防止氧化。其他零件可洗净、晾干后储存备用。干态储存过的蓄电池，在使用前应按说明书要求进行初充电。如果电极板受潮或氧化严重，则初充电时间需适度延长。

对车载铅酸蓄电池，其干态储存方法是，先用普通充电法充足电，再用10小时率电流放电，放到单体电池电压为1.75 V时为止。倒出电解液后立即注入蒸馏水，浸泡3小时后再将蒸馏水倒出，重新注入蒸馏水。如此反复冲洗多次，直到蓄电池内的蒸馏水不含酸性为止。倒净蓄电池内的蒸馏水，用风扇及时吹干电池内部后，用干净抹布擦净蓄电池表面，拧上密封塞保存。

湿态储存转为干态储存是延长蓄电池储存寿命的一种方法，但实施起来有一定困难。若硫酸未冲洗干净或零件未吹干，则在干态储存时会造成极板硫化结晶，再启用时不易激活。因此，人们又提出了低温湿态储存方法，即将电池冷藏在－20℃，此时湿态蓄电池没有自放电，启用时将蓄电池恢复到常温状态。

2. 阀控式密封铅酸蓄电池的储存与运输

蓄电池生产完成后，应尽量减少储存时间，否则，会影响蓄电池的使用寿命和功能。选取的储存条件应符合如下要求。

（1）蓄电池应在干燥、通风、阴凉的环境条件下停放或储存，严禁受潮。

（2）避免蓄电池受阳光直射或其他热源影响导致的过热。

（3）避免蓄电池存放中受外力机械损坏或自身跌落。

（4）由于温度对蓄电池自放电有影响，存放地点温度应尽可能低。

（5）储存蓄电池的房间必须清洁，并且需要适当维护。

（6）在储存过程中，每隔 3 个月按表 4－2 进行一次补充电。

表 4－2　阀控式密封铅酸蓄电池的储存方法

储存期限	补充电规定
不超过 2 个月	无需补充电，直接使用
不超过 6 个月	以 2.3 V/单体，恒压充电 48 小时(2 天)
不超过 12 个月	以 2.3 V/单体，恒压充电 96 小时(3 天)
不超过 24 个月	以 2.4 V/单体，恒压充电 120 小时(5 天)

运输铅酸蓄电池要满足以下四项要求。

（1）降低外界环境因素影响。铅酸蓄电池在装车及运输过程中，一定要做好防晒、防潮等措施，避免电池暴晒、雨淋受潮及被剧烈冲撞等，以最大限度地保证电池的运输过程，不受外界环境因素影响。

（2）注意通风散热。电池内部每时每刻都在进行化学反应，会一直存在放热现象。通风散热可以保证电池的运输安全，所以装电池的车厢必须注意保持通风，便于电池散热。

（3）严禁倒置或者侧放。电池在装车运输过程中，不能倒置或者侧放。铅酸蓄电池内含电解液，只有正置才能保证各单格电池均衡出力。倒置或者侧放，会使电池的电解液流出，损伤电池。

（4）避免重压或化学物品污染。重压会击穿隔板或者遭受化学品污染，都可能会导致电池正负极直接连接在一起，造成电池短路。

4.2.3 锂离子电池的储存与运输

锂离子电池在存储过程中，其内部结构材料将随着存储时间的延长发生物理和化学变化，这一过程被称作电池的日历老化过程。老化过程会伴随着性能的下降，比如容量的减少、内阻的增加、功率的减少等。电池性能下降到一定程度，将无法满足实际使用需求。对锂离子电池储存环境要求如下。

(1) 锂离子电池对环境温度和湿度比较敏感，应储存在通风良好、干燥和凉爽处，避免阳光直射，高温和高湿可能损害电池性能或腐蚀其表面，甚至导致电池自燃。锂离子电池的自放电受环境温度、湿度影响，高温和潮湿会加速电池的自放电，因此，锂离子电池存储及组装车间务必保持干燥阴凉。

(2) 长期不用的锂离子电池，每月要进行一次类似“激活”的充放电操作，进行电量校准。长期不用的锂离子电池会发生电池电极钝化，会破坏电极结构，从而影响电池寿命。较好的情况是使电池保持半荷电状态。

(3) 锂离子电池一般要求存放在15～30℃干燥阴凉环境中。同时要求有效控制仓库湿度，避免仓库长时间处于极端湿度(相对湿度高于90%或者低于40%)。

(4) 禁止存放在强静电和强磁场的地方，否则易破坏电池的安全保护装置，带来安全隐患。

(5) 如果电池发出异味，或出现发热、变色、变形等异常情况，或使用、储存、充电过程中出现任何异常，应立即将电池从装置或充电器中移开并停用。

(6) 废弃电池应用绝缘纸包住电极，以防起火、爆炸。

所有锂离子电池产品运输都有严格要求，为了防止运输过程中电池内、外部短路，应注意以下几点。

(1) 运输外包装上应贴有9种危险品的标签，包括产品名称、正确操作方法及咨询电话等。

(2) 锂离子电池产品应固定在包装内，以免在包装内移动。

(3) 运输采用的外包装，要牢固，防止爆裂，且要有防水功能。

(4) 根据运输数量决定运输方式。

4.2.4 镉镍蓄电池的储存与运输

镉镍蓄电池的寿命与电池设计、制造、储存和在轨管理密切相关。合理的储存方法及储存周期是保证镉镍蓄电池寿命的关键。镉镍蓄电池应储存在干燥、清洁的室内环境，温度应保持在－30～50℃，避免阳光直射。如果储存时间过长（大于三个月）则应使温度低于 35℃。对于储存时间超过一年的湿态碱性蓄电池，需要进行调试充电。一般需要 2～3 个充放电循环，即可恢复全部容量，高温储存后的恢复时间要长一些。具体容量恢复方法如下。

（1）恒流充电：以 0.2 C 的电流，充电 8 小时。

（2）恒压充电：电池单体电压设置为 1.50 V，电流限制在 0.2 C 时，充电 24 小时，或者电流限制在 0.1 C 时，充电 48 小时。

储存时间超过三个月（包括运输时间）的蓄电池，或者已经储存若干年或难以恢复性能的蓄电池，恒流充电是必要的，建议采用以下方法：① 以 0.2 C，恒流充电 15 小时；② 以 0.2 C，放电至 1.0 V/只；③ 以 0.2 C，恒流充电 8 小时；④ 投入使用。

以储存时间为 2 年的镉镍蓄电池为例，不同储存温度下的容量恢复过程如图 4－3 所示。

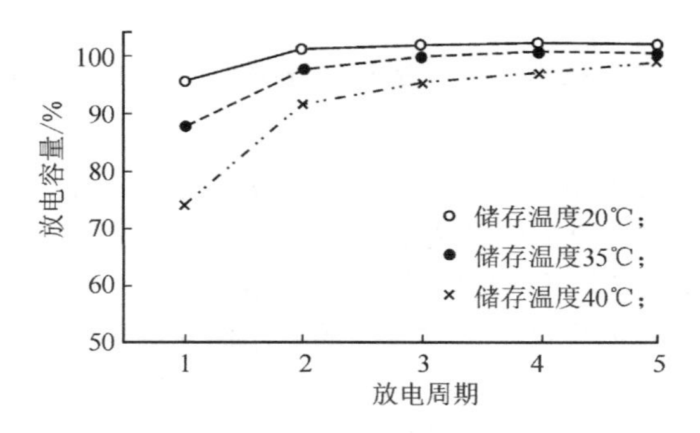

图 4－3　不同储存温度下的镉镍蓄电池容量恢复过程

相比于锂离子电池，镉镍蓄电池运输比较简单，不用贴电池标签，纸箱包装即可；不需要提供电池文件，可以直接采用空运方式，但电池需要独立绝缘。

4.2.5　锌银蓄电池的储存与运输

锌银蓄电池可以干态储存，也可以湿态储存。根据锌银蓄电池的结构和使用条件的差异，其寿命也有所不同，湿态电池的寿命为 3 个月至 1 年左右。干态储存寿命则一般可达 5～8 年，储存时应放在阴凉、干燥、无腐蚀性气体的仓库，环境温度不宜太高，最好在 0～15℃。尤其需注意的是，干态蓄电池高温下会因氧化银的加速分解，而造成电池容量损失。湿态蓄电池的储存要求更严格，一般应在放电态和 0～15℃环境中储存，以减少电池的自放电和银迁移对隔膜的破坏。需要注意的是，锌银蓄电池的电解质是强碱氢氧化钾，处理电解质时应采取戴手套和防护镜等措施。

第 5 章　装备电池的技术检查与质量评定

电池在储存过程中、投入应用前和维护保养时都需要进行技术检查，以确定电池的工作状态及质量情况是否正常。本章主要对装备电池的技术检查流程和质量评定方法进行重点阐述。

5.1　装备电池的技术检查

通常，装备电池的技术检查一般应采用以下步骤有序开展。

1. 取样

电池储存状态的检查，一般需要采用抽样方式。应用中进行维修保养的电池，可以采用全测的方式，但是测试内容要根据实际测试能力调整，或者只完成维修保养必须的内容，然后根据维修保养结果，由负责人进行判断。

对不同厂家、不同生产年份(批次)的干态储存的蓄电池，随机抽取单体蓄电池样品 5 个或组合电池 5 块。在关键技术指标检查时，若有 1 个样品不合格，则再加试 5 个样品。如果加试后还有 1 个样品不合格，则要对这个批次的库存产品进行逐个检查，找出原因。之后，优先进行修复，若无法修复，则视情况送厂修理或报废处理。

2. 外观质量检查

观察电池壳体有无损伤、变形和渗液现象，电池表面有无严重掉漆或锈蚀，有无爬碱，有无封装胶龟裂，极柱与连接片是否紧固可靠，有无氧化锈蚀等。此类质量问题中，部分质量问题容易处理，但更为严重的质量问题，如渗液等，则需要特别重视。

3. 渗漏检查

将被检样品注入蒸馏水或纯水，放置 48 小时后，观察其是否有渗漏。按抽样原则，一经发现，及时予以修复，不能修复的要视情况送厂修理或进行报废处理。

4. 电池容量、内阻等电性能指标检验

遵循抽样原则，对被检样品进行容量、内阻等指标检验。应采用专用测试仪器或设备完成，具体实施内容需要根据实际情况确定。其中，电池容量必须测试，内阻一般情况下建议测试。

5. 文件检查

对照电池技术文件，检查电池规格与铭牌，应与技术文件保持一致。

6. 电池的质量评定

经过上述技术检查后，凡是电池符合容量、内阻等检验要求的，外观完好或经修复后能够恢复原技术指标要求的，即可视为合格品。

储存电池需要考虑其储存时间，及时测试并在储存有效期内投入使用。一旦超过储存有效期，即使通过技术检查的电池也会存在使用寿命短、易出现故障的风险。

5.2　装备电池的质量评定

5.2.1　装备电池的质量评定方法

电池通过技术检查后，应给出其质量评定结果，以确定电池质量是否满足装备使用的要求，一般最好能够提供明确的参数指标。质量评定的结果主要由外观检查和电性能测试获得，若试验测试条件允许，还可以开展部分安全性检测。

质量评定的检验内容和要求，包括以下几个部分。

1. 外观质量

外观质量是质量评定的重要内容，无论新电池检测、储存电池检测还是维修保养的电池都需要进行外观质量评定。

一般检测方法为目检和用尺子进行测量，目视检查要求电池的外观整洁、无锈蚀、破损、漏液、变形和表面褶皱。同时，要求极性标识正确、引线无裸露，包装的本体丝印清晰可辨。电池的外尺寸要求与技术说明书规格相符，误差符合相关要求。

2. 电性能

电池电性能检验内容比较多，一般包括：充放电性能、容量、自放电、内阻等。电性能对质量评定结果影响最大，要求各项检测结果在标准以内为合格，否则要维修或直接报废。

电性能检测要依靠各种测试设备实现，部分测试项目所需测试时间较长，有些测试只适合需要定型的电池或购置电池抽检。一般而言，每个试验项目电池样品数量为 3，电池组样品为 1。

1）充放电性能

充放电过程是电池实现能量存储和转移的基础，电池的充放电性能是决定其是否可用的关键因素。一般的充放电性能测试，需要从新电池开始，持续到电池满足报废条件为止。测试周期长，只适合电池定型或电池批抽检测试。充放电性能测试主要包括以下几种。

（1）循环充放电测试法。循环充放电是电池正常运行过程的最基本方式，通过循环充放电测试，可以观察到：随着电池循环次数的增加，其充放电功率、能量转化效率等发生了变化。从而进一步分析电池的整体性能以及寿命。

以三元锂离子电池为例，循环充放电测试的具体过程如下。

① 将被测试电池置于恒温环境中，以 1C 恒流充电至 4.2 V，再以恒压充电至电流降至 0.05C，静置 15 分钟。

② 从满电状态以 1C 恒流放电至 2.5 V，静置 15 分钟。

③ 重复上述充电和放电过程，直至电池容量达到其初始值的 80％以下。

进一步地，通过改变试验环境（如温度），可以根据测量值获得电池在不同工况下的充放电循环性能。

（2）倍率性能测试。倍率性能测试是在循环测试法的基础上，改变电池的充放电倍率，观察电池在不同充放电电流密度下的性能表现。通过分析该测试值，可以得出电池在实际应用中最适合的充放电倍率，以及能否在特殊情况下实现变充放电倍率运行。将标称容量为 0.9 A·h 的钴酸锂离子电池进行不同倍率的充放电循环后，容量衰减过程如图 5－1 所示。可以清楚地看到，充电倍率为 1.4C 条件下的充放电循环的容量衰减速率要明显快于充电倍率为 1C。

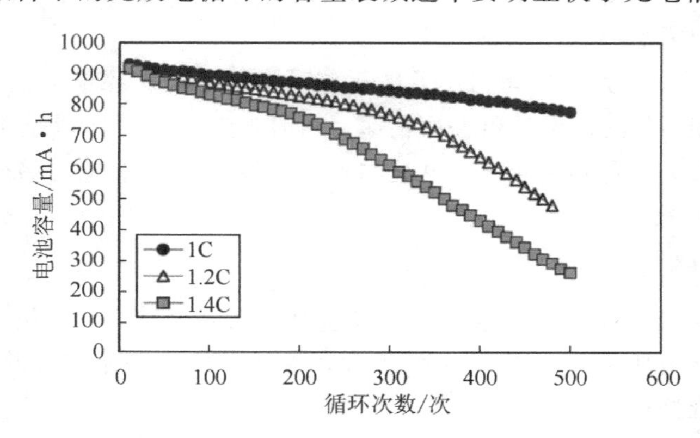

图 5－1　不同倍率下的钴酸锂离子电池容量衰减

2）容量

容量指电池在一定放电条件下可以输出的最大电量，可用安时（A·h）表示，是最能直接体现电池性能与质量的核心参数。容量测试是必须要完成的电池电性能测试，不论任何条件下都应开展。

电池容量测试方法一般采用全充全放法，即将处于满电状态的电池持续放电至电量下限值或0。在此过程中，输出的电能即为电池容量的准确值。该方法的优点是：原理简单，结果直接可靠。同时，也是检测其他容量检测方法精度的标准，是目前电池检测和质量评定的主要方法。但全充全放法仍存在缺点，包括损伤电池寿命，测试时间长。受限于铅酸蓄电池的倍率，完成一次需要二十几个小时，效率较低。为提高检测效率，减少测试对电池寿命的影响，可采用充电电流法、两点间累计电量法、数据驱动法等，但目前这些方法的准确性还存疑，并未得到推广应用。

3）自放电

自放电是指电池在静止存储过程中，自然的能量流失，通常表现为电池存储一段时间后，开路电压的下降。当电池自放电过大或电池组自放电一致性较差时，就会影响电池组整体的运行，甚至带来安全隐患。电池自放电测试方法主要有如下两种。

（1）定义法。定义法通过直接测量电池的容量损耗得到自放电率 η，计算如下所示。

$$\eta=\frac{Q_1}{Q}\times 100\% \tag{5-1}$$

式中：Q 为电池的额定容量，Q_1 为单位时间内电池的自放电电量。

具体测试过程如下：首先，使用标准充电方法将电池充电至预先设定的SoC。在高温或常温状态下，开路搁置一周至一个月，然后对电池进行放电。电池初始电量与此时放出电量的差值，即为自放电电量。

该方法是目前行业内标准的自放电检测方法，结果较为准确可靠。但为了得到准确的结果，往往需要多次重复试验，测量耗时久，且试验条件要求高，因此在电池维修保养检测或储存检测中一般不采用定义法。

（2）容量保持法。容量保持法通过对电池进行小电流充电以维持其容量不变，得到电池的自放电率。具体试验过程如下：首先，通过常规充放电，使电池达到期望电压值。然后，进行特定充电，维持电池电压不变。起初，充电电流较大，之后随着时间推移，电池内部逐步达到稳定状态。此时，电池的充电电流等于自放电电流。这种方法比较简单，被广泛采用。

4）内阻

电池并不是理想的电源，有内阻，其内阻与电池自身状态关系密切，因此，测量电池的内阻十分必要。电池内阻测量所需的时间很短，在各种电池检测和质量评定时都要求进行，并作为标准参数进行管理。

电池不是无源器件，电阻测量不能简单地利用欧姆定律。同时电池内部也并非单纯的电压源加内阻型等效电路，因此，电池内阻需要采用特殊的方式测量。

电池的内阻测量可以采用放电法，测量电路图如图 5－2 所示。图中，电池可等效为一个理想电压源 U 和内阻 R_0 的串联结构，在被测电池两端加载带有探针线的直流放电装置，先测量开路电压，在短时间内(通常 2～3 s)，瞬间使电池产生一个大电流，测出此时的电压和回路电流。根据电压和电流变化值，即可求得电池内阻 R_0 为

$$R_0=\frac{U_2-U_1}{I_2-I_1} \tag{5-2}$$

式中：R_0 为电池内阻；U_1 为电池开路电压；U_2 为产生大电流后的电池电压；I_2 为产生的大电流值；I_1 为开路电流，一般是 0 A。

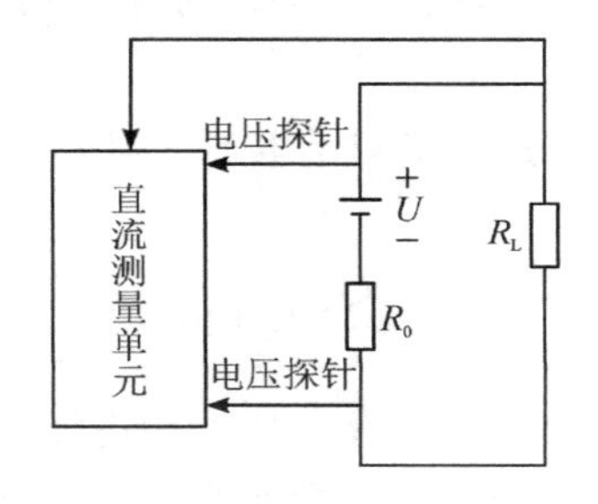

图 5－2　电池内阻测量电路图

3. 安全性能

电池的安全性能已经成为衡量电池性能的重要指标，成为除成本因素外另一个制约当前电池应用的关键指标。安全性能检测一般不在存储或维修检查中开展，主要用于检测需要定型的电池，有时会在批抽检中进行。安全性能检测的内容比较多，包括短路、不正常充电、强制放电、挤压、撞击、冲击、震动、热滥用、温度循环、高空模拟试验及抛射体等测试项目，要求被测电池在试验过程中不起火、不爆炸、不漏液、不排气、不燃烧且包装不破裂。

1）短路试验

当电池正负极发生短路，会产生迅速增大的短路电流，如图 5－3 所示为某 60 A·h 三元材料电池模块发生短路时的电流、电压曲线，其中最大短路电流可达 3293 A。此时，电池内部会产生大量的热，导致进一步的热失控现象。

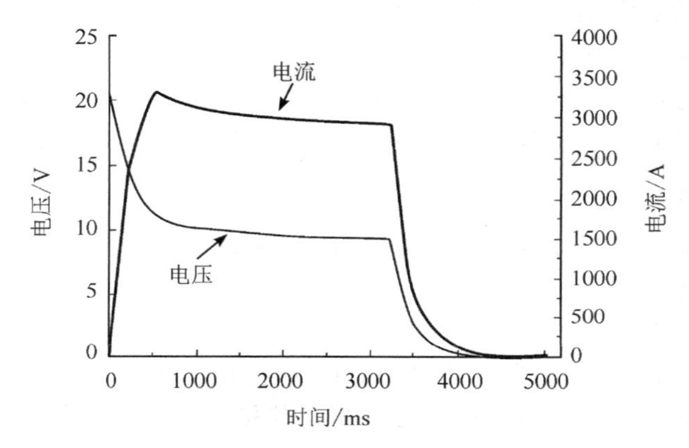

图 5－3　60 A·h 三元材料电池模块的短路电流及电压曲线

短路试验的具体步骤如下。

单体电池短路试验要求电池的正、负极经外部短路 10 分钟，其中外部线路的电阻小于 5 mΩ，观察 1 小时；模块电池短路试验与单体试验要求一致。测试过程中，电池不应发生起火、爆炸现象。

2）过充电试验

以锂离子电池为例，当电池发生过充电时，碳负极表面的固态电解质界面膜的亚稳定层会首先发生分解放热；继续充电，电池电压和电池温度会不断升高，电解液分解，产生大量气体，电池出现鼓胀现象；此时，若继续充电，气体喷出烟雾，几十秒后发生起火甚至爆炸。

过充电试验的具体步骤如下。

单体电池过充电试验要求电池以额定电流恒流持续充电，直至电压达到电池技术条件规定的充电终止电压的 1.5 倍，且持续恒压充电 1 小时。或者总充电时间达 1.5 小时，观察 1 小时，测试过程中电池不应发生起火、爆炸现象。电池模组过充电试验与单体试验要求一致，如采用电池并联或串联模块试验，试验参数应根据电池串并联关系加倍，串联增加电压，并联增加电流。

3）针刺试验

当电池中有异物刺入贯穿隔膜后，正、负极极片与异物之间形成回路，造成内部短路，产生大量热，使得电池温度迅速升高。当温度达到130℃时，一般电池会发生热扩散，造成进一步的电池结构破坏和短路，极易发生起火、爆炸现象。

针刺试验的具体步骤如下。

单体电池针刺试验使用直径为 5 ～ 8 mm 的耐高温钢针，以(25 ± 5)mm/s 的速度垂直贯穿被测电池，维持贯穿状态并观察 1 小时；模块电池针刺试验使用略粗的钢针，以同样的速度垂直贯穿至少 3 块单体电池后，维持贯穿状态并观察 1 小时。测试过程中电池不应发生起火、爆炸现象。

4）挤压试验

当电池受到外部挤压，可能导致内部隔膜破裂或者正负极极板接触，从而引起起火或爆炸现象。

挤压试验的具体步骤如下。

单体电池挤压试验采用半径为 75 mm 的半圆柱体挤压板，以(5±1) mm/s 的速度垂直挤压电池极板，当发生下述情况中的任一种情况时停止挤压：电池电压到达 0 V，形变量达到 30％或者挤压力达到 200 kN，维持并观察 1 小时；模块电池挤压与单体挤压类似，挤压方向为电池模块最容易受到挤压的方向。圆柱形电池挤压时，应使其纵轴向与两平板平行，方形电池和软包装电池只对电池的宽面进行挤压试验，具体如图 5 - 4 所示。测试过程中电池不应发生起火、爆炸现象。

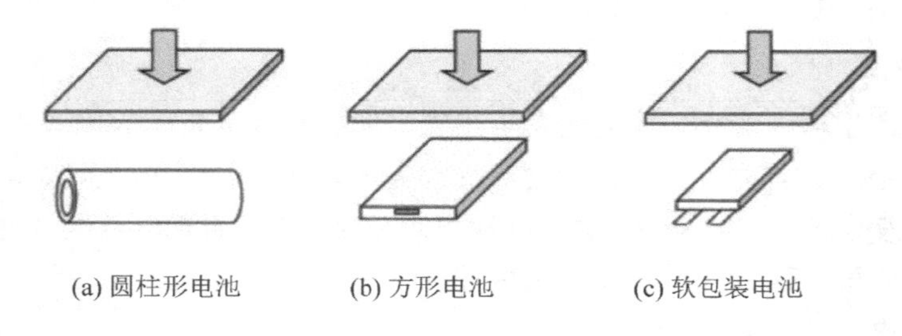

(a) 圆柱形电池　(b) 方形电池　(c) 软包装电池

图 5 - 4　挤压试验中电池放置示意图

5）热滥用

电池在高温环境下长时间工作，导致过热可能会引发热失控等安全风险。热滥用测试过程中，将单体电池充满电后，放入环境试验箱，以(5 ± 2)℃/min 的温升速率升温，当箱内温度达到(130 ± 2)℃后，并继续恒温维持 1 小时。要求电池在此过程中应不起火、不爆炸。

通常，不同类型电池的质量评估方法稍有差别。

铅酸蓄电池的质量评定主要从以下几个方面进行。

(1) 容量评定：通过放电测试测量电池的容量，容量越高说明电池性能越好。

(2) 电池内阻评定：电池内阻是衡量电池性能的一个重要指标，内阻越低说明性能越好。

(3) 充电性能评定：通过测试电池的充电特性，如充电电流、充电电压、充电时间等参数，评定电池的充电性能。

(4) 放电性能评定：评定电池在不同负载下的放电性能，包括放电时间和放电平台稳定性等指标。

(5) 自放电评定：评定电池在不使用时的自放电情况，自放电越低说明电池质量越好。

(6) 耐久性评定：通过长期放电测试或充放电循环测试评定电池的耐久性，包括循环寿命、容量保持率等指标。

锂离子电池的质量评定与铅酸蓄电池基本一致，主要增加了以下两点。

(1) 循环寿命评定：通过充放电循环测试评定电池的循环寿命。

(2) 安全性评定：评定电池使用中的安全性能，如充电过程中是否会出现过热、过充、过放等情况，是否会出现漏电、短路等问题。

镉镍蓄电池与其他电池相比，则增加了耐腐蚀性评定。

镍铬电池应用于高温、腐蚀等恶劣环境中，需要评定电池的耐腐蚀性能，包括电极、容器等的耐腐蚀性能等。

锌银蓄电池由于可用于低温环境，因此增加了低温性能评定。评定锌银蓄电池在低温下的性能表现，包括低温启动能力、低温容量等。

5.2.2 装备电池的报废标准

电池报废一般采用容量作为参数指标。根据工业蓄电池标准，蓄电池实际容量下降到标称值的80%以下视为报废；民用蓄电池一直没有明确指标，通常比较规范的民用蓄电池以实际容量下降到标称容量的60%或者50%为终止点即为报废。

(1) 碱性开口蓄电池外壳受到严重腐蚀，注入电解液后漏液、内部短路，或者已无法修复充电的，应予以报废。

(2) 碱性干电池使用期限接近规定寿命时，要及时检查电池的底部、外壳及盖，如果发现一处出现鼓胀现象，应予以报废。

(3) 锌银蓄电池容量低于80%的额定容量时，应予以报废。

(4) 铅酸蓄电池连续存放1到2年不用，会导致严重亏电，电池内部结构被氧化，无法充电，也无法用修复仪再次激活，只能选择报废。达到使用年限的、电池外壳破损漏液或带有鼓包现象的应及时报废处理；铅酸蓄电池封装剂严重龟裂、内部短路已无法修复的，应予以报废。

(5) 锂离子电池使用时间变短且温升快，或已经产生鼓包现象，则需要报废，一般锂离子电池的报废标准是电池容量低于初始值的80%。

(6) 运输或搬运过程中，蓄电池外壳严重破裂损坏，蓄电池出现内部短路、断路的，应予以报废。

(7) 超期储存的蓄电池初期容量不能恢复，或初期容量降到允许值以下，不能满足使用要求的，应予以报废。

(8) 从可靠性出发，对超期储存的蓄电池，一般规定初期容量检查不合格，或容量达不到额定容量的70%，应予以报废。

(9) 湿态储存的铅酸蓄电池经修复后仍不能使用的，应予以报废。

5.3 装备电池的安全性评估

特殊作战环境下，电池热失控易导致爆炸，造成人员、装备损失。因此，电池的安全性评估具有其特殊性和必要性。电池安全性评估通常包含以下内容。

(1) 电池物理特性评估，包括电池外形、尺寸、重量、容量等参数的测量。

当进行电池物理特性评估时，需要对电池的外形尺寸、重量、容量等参数进行测量。这些参数直接影响到电池在电子产品中的应用和集成。对于产品设计和安全性评估有很大作用。

(2) 电池材料评估，包括电池正、负极、填充物、电解质、隔膜等所使用材料的物理、化学性质的测试分析，以及材料的毒性、爆炸性等安全性评估。

对电池材料进行评估，需要对电池正、负极、填充物、电解质、隔膜等所使用的材料进行测试分析。这些材料的物理、化学性质会影响到电池的功率、循环寿命、安全性等方面的性能。例如，电解液选择激进的电解液，虽然可以提高电池的性能，但也会增加电池的危险性。

(3) 电池性能评估，包括电池电压、内阻、放电曲线、充放电效率、循环寿命等性能的测定。

(4) 电池环境测试，包括高低温环境下的电池性能测试、高温老化测试、高湿测试、低压测试等环境适应性测试。

在电池环境测试中，需要考虑电池在不同环境下的使用情况，对电池的性能进行测试与评估。例如，在高温环境下，电池的性能可能会发生变化。因此需要将电池置于高温环境下，测试电池是否能够适应高温环境。对电池在较恶劣环境中的使用情况进行测试与评估，能够为产品的设计提供重要指导。

(5) 电池安全性测试，需要进行短路、外力撞击、过充、过放、高温、高压、损伤等方面的测试与评估，以验证电池的安全性能。

具体地说，电池短路测试评估电池在短路状态下是否会发生过热、过充和燃烧等危险情况。而高温测试评估电池在高温环境下是否会失效或者释放出有害气体等。

(6) 电池标准符合性测试，需要按照相关电池标准(如 IEC、UL 等)进行测试与评估，以确保电池符合相关标准要求。

以上是电池安全性评估中常见的内容，不同应用场景下的电池，还可能存在一些特殊的评估内容。

第6章 装备电池的维护与修理

各型装备电池在部队长期使用过程中，均需要进行必要的维护和修理工作，以延长使用寿命并提高利用质效。本章详细介绍各型装备电池的失效模式与故障修复措施。

6.1 铅酸蓄电池的维护与修理

6.1.1 铅酸蓄电池的失效模式

由于电池的制造条件、使用环境及自身结构的差异，造成铅酸蓄电池故障的原因各不相同。常见的失效模式主要包括：正极活性物质脱落、板栅腐蚀、负极不可逆硫酸盐化、热失效、失水等。铅酸蓄电池常见的失效原因主要有如下几个方面。

1. 正极板栅腐蚀和脱落

在铅酸蓄电池中，正极板栅腐蚀是一种“正常”的失效模式，导致电池“正常”的寿命终结。其原因是正极板上的铅基合金板栅热力学不稳定，在实际应用过程中，不可避免地存在氧化腐蚀。在高氧化电位下，板栅合金会被氧化导致 PbO_2 的产生，且随着阳极极化程度的升高，板栅的氧化腐蚀过程会加速，即腐蚀速率取决于充电电压。虽然板栅的氧化导致板栅腐蚀，但是板栅表面形成的腐蚀氧化膜能够一定程度上保护内部的金属基底，延缓进一步的腐蚀，这也是电池能够保持相当循环寿命的原因。因此，尽量避免过充是延长电池寿命的有效方法之一。另外，在开路状态下，铅合金与 PAM 及 H_2SO_4 电解液直接接触，会组成腐蚀微电池，板栅合金中的铅及铅基合金也会被氧化，产生缓慢的板栅腐蚀现象。

铅酸蓄电池的板栅一方面作为活性物质的支撑体，另一方面作为正、负极集流体，负责收集电流对外输出。以 Pb、Pb-Sb、Pb-Ca 等 Pb 基合金为主的板栅腐蚀直接造成板栅的网格断裂，使 PAM 失去支撑体而脱落，电池正、负极集流效应下降，最终导致电池失效。

2. 负极硫酸盐化

铅酸电池循环时，负极 Pb 与硫酸电解液反应生成 $PbSO_4$，充电时 $PbSO_4$ 还原成 Pb。但由于一部分 $PbSO_4$ 充电时无法完全转化为 Pb，导致不可逆的 $PbSO_4$ 晶体生成，这些晶体会覆盖在 NAM 表面，堵塞电化学反应通道，阻碍充放电过程中 NAM 与电解液之间的物质、能量交换，导致负极失效。负极不可逆硫酸盐化会直接导致电池容量衰减，使得电池槽或电极上出现灰白色沉淀物和结块，严重情况下甚至可导致极板弯曲变形。

3. 容量过早的损失

当板栅合金为低锑或铅钙时，在蓄电池使用初期(大约 20 个循环)会出现容量突然下降的现象，使电池失效。长期浮充也会造成铅酸蓄电池阳极钝化，使其内阻急剧增加，容量大幅下降。

4. 热失效

对于免维护电池，要求充电电压不超过每单格 2.4 V。在实际使用中，调压装置可能失控，使得充电电压过高，充电电流过大，产生的热会使电池电解液温度升高，导致电池内阻下降；而内阻的下降又导致充电电流的增大。电池的温升和电流过大互相加强，使电池变形、开裂而失效。使用时，应对充电电压过高、发热的现象予以注意。铅酸蓄电池的失效通常是多种因素综合作用的结果。

5. 失水

造成失水的原因很多，如阀门失控、不密封或内部极板制造工艺不过关，负极活性物质脱落、使用中的浮充电压偏高或者环境温度偏高等都会造成失水。在电池充电过程中，电池中会发生水的电解，产生氧气和氢气，使水以氢、氧的形式散失，所以又称析气。水量的减少会降低参与反应的离子活度，减少硫酸与铅板的接触面积，导致电池内阻上升，极化加剧，最终导致电池容量下降，致使内阻增加，电池不能使用。

6.1.2 铅酸蓄电池维护与修理的主要内容

合理的维护，可以及早发现问题并排除隐患，关键时能发挥蓄电池的性能，延长电池使用寿命，提高电池使用率，节省运营成本。合理的维护应主要从以下几个方面做起。

(1) 尽可能使蓄电池在理想温度下使用，电池充电在 0～40℃，放电在 −20～40℃，存储在 −20～40℃，并且检查电池电压偏差值和放电终止电压。

(2) 保证蓄电池使用环境干燥、整洁、卫生，定期打扫电池外壳，及时清理电池周围的异物；检查连接片有无松动，外壳有无渗漏和变形，极柱与安全阀周围有无酸雾溢出，电池温度是否过高，电池内阻是否在正常范围内。

(3) 定期放电检测，每季度进行 1 次放电检测，做好记录。如有容量不足，应及时处理。特别注意的是：要采用深度放电，因为放电深度不够时，电池容量下降在端电压上很难直观反映，达不到放电检测的目标。放电时，建议用原设计蓄电池负载放电，这样既能检测电池情况，又能检测电池容量能否满足设计需要，注意做好电池放电记录。

铅酸蓄电池常见故障及应对措施主要包括以下几个方面。

1. 正极板栅腐蚀

正极板栅腐蚀与板栅厚度、过充电程度、温度高低等因素有关。过充电状态下，由于正极加速了氧气发生速率，小孔内 H^+ 急增而提高了电解液浓度，使正极加速腐蚀，板栅变形而造成活性物质脱落。板栅腐蚀速率也会随温度升高而提高。可以采取如下措施来改善板栅腐蚀。

(1) 调整充电电压到每单格 2.35 V；

(2) 根据放电深度选择充电时间，避免长时间充电；

(3) 改善通风条件，降低环境温度；

(4) 有条件的可在组合电池过程中选取高性能电极板，重新组合正极板。

2. 失水

电池失水致使内阻增加而无法使用。遇到这种情况最常用的处理方法是：轻轻击打表面缺口处，慢慢打开安全阀注入蒸馏水；如果发现活性物质脱落或某处断裂，应重新组合极板，但容量会降低；接上充电电源，调整适当的充电电压，如有电流指示，而且单格电势随着充电时间增加而升高，说明电池故障基本排除。一般情况下，电池的容量能恢复至 75%左右。注意环境温度应在 35℃以下，恢复过程应严格密封。

3. 硫化

电池硫化也是常见的故障之一。大多数电池是由于使用不当、过量充电或放电、电解液质量差、电池厂家生产的隔板薄度不够或使用中浮充电压低等造成极板硫化，致使容量降低，电池不能正常使用，严重时充电回路呈断路状态。如硫化现象相对较轻，则以小电流长时间的方式充电，去除硫化问题。但如果硫化现象相对严重，需要通过专门的去硫化方式进行综合性维护。轻轻打开安全阀，用纯净水反复冲洗极板，更换新电解液，并适当提高电解液浓度；接上充电电源，如电流值为零，应适当提高充电电压，直到有充电电流后，再调至合适的充电电压(单格至2.35 V)。若接上充电电源，提高电压后仍呈现断路状态，此时，应加比重为1.40的稀H_2SO_4，直到有电流输出，持续充电24小时。

4. 自放电严重

造成自放电严重的原因很多，最常见的故障是形成的铅枝晶捅破隔板并造成电池短路。要减少自放电应采取如下措施。

(1) 小电流过充电除去铅枝晶；

(2) 对于储存期长的电池应按照储存管理办法进行充放电，并在低温下保存。

5. 浮充时蓄电池电压偏差较大

这种故障主要是由制造过程工艺差，分散性大，存放时间长，又未按规定要求补充电造成的。如为质量问题，应更换电池；如果是存放问题，应按规定全充、放循环2～3次，使容量恢复，减小电压偏差值。

6. 蓄电池鼓胀变形

这种故障的主要原因有以下几种。

(1) 充电电流大，充电电压超过规定要求；

(2) 内部有短路、局部放电等造成的温升超标；

(3) 安全阀失灵，内部压力超标。

解决以上问题采用的处理方法是：进行核对性放电，如果电池容量低于80%额定容量应及时予以更换；减小充电电流，降低充电电压，并检查安全阀是否堵塞。

7. 蓄电池外壳温度过高

这种故障的主要原因包括以下几种。

(1) 充电电流大，电压超过规定要求；

(2) 内部有短路、局部放电等现象；

(3) 螺栓松动，接头发热；

(4) 充电装置输出的纹波系数超标。

以上问题需要采取如下措施来解决。

(1) 降低充电电流，调整充电电压到规定要求值；

(2) 清洁发热接头，紧固螺栓；

(3) 检查处理充电装置，减小直流输出所含的交流分量，使纹波系数符合规定要求。

8. 蓄电池核对性放电时容量低

这种故障的主要原因有以下几种。

(1) 蓄电池长期欠充电，浮充电压低于规定值，造成极板硫酸盐化；

(2) 频繁深度放电；

(3) 蓄电池放电后未立即充电，造成极板硫酸盐化。

解决以上问题应采用如下措施。

(1) 需要调整浮充电的电压值，避免深度放电；

(2) 进行核对性放电，容量达不到要求时，进行完整充、放电循环 2～3 次。

若仍低于 80%额定容量，应及时更换蓄电池。

6.2 锂离子电池的维护与修理

6.2.1 锂离子电池的失效模式

由于锂离子电池的比能量高，且其内部电解液为具有易燃性质的有机溶剂，当电池内部热量过高时，会出现严重的安全问题如爆炸等。

常见的锂离子电池的失效模式如下。

1. 锂离子电池性能衰减

锂离子电池的性能衰减主要是由于下述原因。

正、负极材料的物理/化学结构性质、黏合剂对电极涂层的黏结强度、隔膜及电解液质量的劣化，这些劣化往往是由于电池的使用不当如过充等导致。过充造成的危害如下：过充会导致电池内产生钝化膜，增加锂离子脱嵌的应力；过充循环会在电池内部产生锂枝晶并增厚固体电解质相界膜，降解电极，温度过高导致电池内部副反应增加；加速电池失效，进而使得电池充放电能力下降。

2. 容量衰减失效

电池容量衰减失效根源在于材料失效，同时与电池制造工艺、使用环境等客观因素有关。从材料角度看，造成失效的原因主要有正极材料的结构失效、负极表面 SEI 过度生长、电解液分解与变质、集流体失效等。

3. 正极材料的结构失效

正极材料结构失效包括正极材料颗粒破碎、不可逆相转变、材料无序化等。

4. 负极表面 SEI 过度生长

石墨电极的失效主要发生在石墨表面，石墨表面与电解液反应，生成 SEI，如果 SEI 过度生长会导致电池内部体系中锂离子含量降低，结果就是电池容量衰减。硅类负极材料的失效主要在于其体积膨胀导致的循环性能问题。

5. 电解液分解与变质

$LiPF_6$ 稳定性差，容易分解，使电解液中可迁移 Li^+ 含量降低。还容易和电解液中的水反应生成氢氟酸，腐蚀电池内部。电池气密性不好会引起电解液变质，电解液黏度和色度都会发生变化，最终导致离子传输性能急剧下降。

6. 集流体失效

集流体腐蚀、集流体附着力下降都可造成集体流失效。电解液失效生成的氢氟酸会对集流体造成腐蚀，生成导电性较差的化合物，使欧姆接触电阻增大或活性物质失效。充放电过程中，铜箔在低电位被溶解后，沉积在正极表面，这就是所谓的析铜。集流体失效的常见形式是：集流体与活性物质之间的结合力不够，导致活性物质剥离，不能为电池提供容量。

总体而言，锂离子电池老化是多种外部因素综合作用的复杂老化过程，各因素相互关联性如图 6-1 所示。

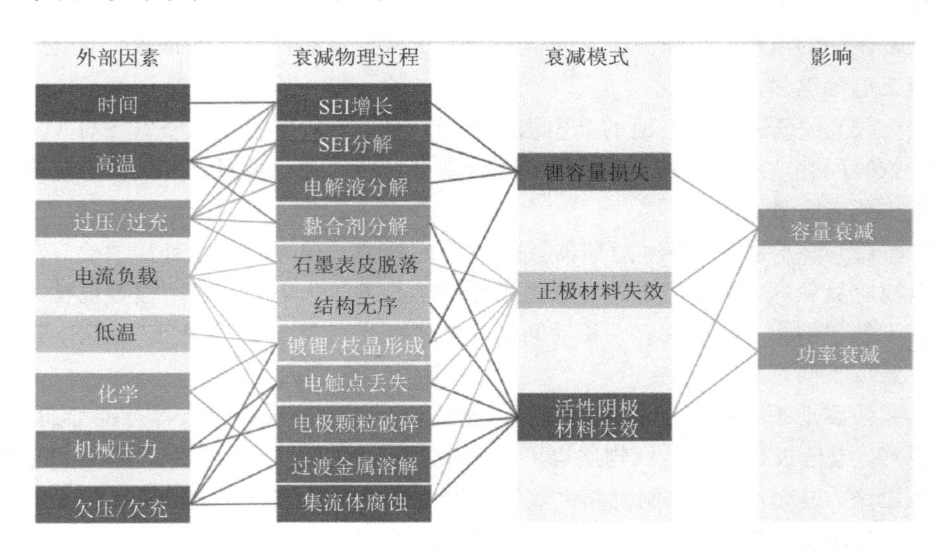

图 6-1　锂离子电池老化机制及各因素相互关联性示意图

6.2.2 锂离子电池维护与修理的主要内容

锂离子电池具有高能量密度、无污染、高电压、充电速度快和无记忆效应的优点，但只有正确维护才能保证锂离子电池的使用寿命。

(1) 锂离子电池在20℃下可储存半年以上，其自放电率很低，而且大部分容量损失可以恢复。多数锂离子电池的电解质溶液的冰点在－40℃，不容易冻结。锂离子电池的电量最好长时间保持在标称容量的30%到50%之间，并且每6个月进行一次充电。

(2) 新购买的锂离子电池会有一些电量，用户拿到电池可以直接使用，将剩余的电量用完后，再充满使用，第二次也要放电彻底后再充满电。经过2～3次的循环就可以完全激活锂离子电池的活性，达到其最佳使用状态。

(3) 锂离子电池无记忆效应，可以随用随充，但锂离子电池过度放电，会造成不可逆的容量损失。过度充电会导致电池因为无法吸收电量而过热，一旦温度超过65℃，就有可能引发安全事故。

(4) 日常使用中，刚充好的锂离子电池要搁置半个小时，等待电性能稳定后再使用。

(5) 长时间不使用电池时，务必将电池取出保存在干燥阴凉处。同时建议每三个月对电池进行一次完整的充放电循环，再将电池充电至约3.8 V储存。正常使用的电池，每隔一段时间应进行一次保护电路控制下的深度充放电，以修正电池电量。

(6) 保证锂离子电池的充电温度在0～45℃，放电温度在－20～60℃，不能长时间存放或者工作于高温条件，否则会导致电池温度过高，从而引起电池起火或者失效。

(7) 对于电动车辆、通信器材等使用的锂离子电池，由于环境复杂、单体电池容量较高、电池组中单体电池工作环境相差较大等，应定期检查电池外壳有无鼓包破损、接线束有无松动断裂、极柱有无变形损伤等现象。此外，还要注意以下问题。

强震动下，锂离子电池的极耳、接线柱、外部连线、焊点等可能会折断、脱落，电池极板上的活性物质也可能剥落，从而引发电池(组)的内部短路、外部短路、过充过放、控制电路失效等问题。

环境湿度较大，特别是在酸性、碱性环境中，由于电池本身的缺陷，容易出现电池(组)外部短路的问题。在高功率、大电流充放电条件下，可能导致电池及其控制电路的极耳熔化、导线及电子元器件的损坏。某些极端情况下，会发生外部短路、碰撞、针刺、挤压等偶然事件。另外，禁止在强静电和强磁场的地方使用锂离子电池，因为这种环境使用电池易破坏电池的安全保护部分。

（8）禁止将电池与金属物体混放，以免金属物体触碰到电池的正、负极，造成短路，损害电池甚至造成危险。

6.3　镉镍蓄电池的维护与修理

6.3.1　镉镍蓄电池的失效模式

镉镍蓄电池的失效现象主要包括充电终止电压高、放电电压低、容量低、内部气体压力高、泄漏、断路、短路等。造成电池失效主要有以下几种原因。

1. 基板问题

基板的主要问题是在制造过程中发生的烧结腐蚀。若最初制成的基板是弱结合，则烧结腐蚀会较为严重。碳酸盐、硝酸盐和氧化物离子的杂质均能增加烧结腐蚀。

2. 镍正电极失效

活性物质的损失是正电极容量损失的主要原因。活性物质的损失主要表现为活性物质的膨胀和脱落。活性物质的物理损失与电极的设计和制造工艺有关。例如，正电极制造和化成的过程中，活性物质在电极孔中膨胀，使活性物质分离，严重情况下可导致电极的损坏及失效。在充电和过充电过程中，气体的产生同样会引起活性物质损失。由产生的气体引起活性物质的损失是过充电降低电池寿命的原因之一。

3. 镉负电极失效

镉负电极容量的损失由以下因素引起。

（1）优先溶解的小晶体；

（2）某些晶体的生长堵塞电极的细孔，降低了有效面积；

（3）基板内部的物质向外部迁移；

（4）活性物质的电绝缘；

（5）覆盖在镉电极上一层薄的氧化镉层（特别在高放电率或深度放电的情况下）。

碳酸盐的存在和温度升高将加速上文所述的前四种情况，即增大了镉的溶解度。此外，镉负电极的氢过电位低，电极的过充电及过放电都可导致氢气的产生，并过早地使电池失效。由于氢气在正电极上的复合速度非常缓慢，因此，电池的设计和使用要避免氢气的产生，使负电极在不产生氢气的情况下充放电。

4. 隔膜失效

镉镍蓄电池目前采用的隔膜是尼龙和聚丙烯。氯化物离子可分裂尼龙的分子链，降低尼龙隔膜的性能，释放出电解液中的碳酸盐。碳酸盐加速了烧结腐蚀、镉枝晶生长，严重情况下可产生碳酸盐淤塞。聚丙烯润湿性能差，常采用润湿剂来改进。但是，这些润湿剂是有机的，氧化而生成的产物可降低镉的氧过电位，从而增大了氧气产生的概率。

5. 电解液失效

随着蓄电池充放循环次数的增加，电极状态发生变化，改变了电解液的分布，进而影响了电池性能。其主要表现有：① 再结晶；② 正极烧结腐蚀；③ 负极活性物质的迁移；④ 由于电位效应，表面张力的变化；⑤ 溶解物质的增多；⑥ 由于温度变化和温度梯度引起的电解液物理性能的变化和局部 pH 值的变化等改变了电极孔结构和表面结构。

长期充放循环后的电池经常出现由于电解液的部分干涸，导致电池的电、热性能变差；较显著的记忆效应及较低的容量和热传导能力，产生的热量较大致使电性能变差；电解液过多易导致负极物质的迅速再结晶和迁移、过充电能力差、氧再化合不一致，致使辅助电极灵敏度降低。

6. 杂质含量过高

电池中少量的杂质对电池性能和可靠性有很大影响，不同杂质对电池有不同的影响。氯化物离子在非常低的浓度下会造成金属基板阳极侵蚀，导致基板强度下降和正极板容量异常增大。同时，氯化物离子使尼龙隔膜降解，释放出碳酸盐离子。碳酸盐离子对负极非常有害，少量的碳酸盐离子能大大提高镉的溶解度，导致镉通过隔膜的迁移，并降低负极板效率。碳酸盐同时会增加一些不良的二次反应，加速了正极板的腐蚀，增加了氢气的产生和降低了正极板的荷电接受能力。碳酸盐含量高的电池，呈现出较高的充电电压，较低的放电电压以及较低的电池循环寿命。

重金属化合物能产生具有氢过电位低的电解沉积，干扰充电控制系统；作为电池壳、基板板栅等的铁会使正极容量损失。铁的铬酸盐离子在放电过程中使正电极钝化，同时，在长期循环之后，铁会作为正极活性物质，使氧气更容易从杂质相中析出，阻止内部氢氧化镍的氧化，从而降低了电池容量和充放电效率。

在配制电解液时有机化合物难以去除，会对电池性能有很大的影响。在基础电化学研究中经常采用高纯度的水。

气体中除氧气以外其他气体都是杂质气体，例如：氮气在密封之前不能全部消除，有时使用氦气来检漏，有时在充电时产生氢气。这些杂质性气体聚集在负极板的孔中，氧气通过这些气体而扩散，降低氧的再化合过程。同时，电池中的氮气能氧化成硝酸盐，以致形成硝酸盐的自放电过程。硝酸盐离子通过硝酸盐-亚硝酸盐电偶的循环反应，增加了自放电，同时也引起烧结极板的腐蚀。

7. 极柱密封不良

密封不良将损失电池内的电解液、氧气、水蒸气，进而缩短电池的寿命。虽然大多数高质量的全密封镉镍蓄电池采用陶瓷-金属密封或玻璃/陶瓷-金属组合的密封，由于陶瓷原材料中的杂质如二氧化硅使密封腐蚀，过早地使密封失效，同时二氧化硅使镍正极电极性能衰减。在铜焊以前陶瓷上的杂质导致密封质量变差，而且铜焊合金中的银能通过陶瓷迁移，引起电池短路。

8. 制造偏差

制造过程中的偏差能引起电池失效，如：连接不好、极耳连接断裂、金属多余物引起的短路、极排列不齐、组装的损坏等。

9. 热失效

正极的氧气析出随温度上升而加快。氧气的产生不仅限制了电池的全充电，而且加速隔膜和烧结基板的氧化，气体的析出和摩擦作用使正极活性物质脱落，同时使电解液从正极板中排出。由于全密封镉镍蓄电池的电压依赖于温度，在不等温的电池中，电流分布不均匀，由此导致了不均匀的板极老化，缩短了电池的寿命。同时，温度的不均匀引起电池电解液分布的不均匀，这样导致了电解液在电池的内部出现局部蒸发，并在电池冷端冷凝。一般情况下，电池组中央的温度最高，电池组温度分布的不平衡也影响了电池的充电控制和电池寿命。

6.3.2　镉镍蓄电池维护与修理的主要内容

镉镍蓄电池维护与修理的主要内容如下。

1. 定期检查电解液

长期使用的镉镍蓄电池(一般 3 年左右)电解液中的水会挥发，电解液中碳酸盐含量增大，将影响电池的寿命。每个镉镍蓄电池，在侧面都有电解液高度的上下刻线，在浮充电运行中液面高度应保持在中线，液面偏低时，应注入纯蒸馏水，使整组电池液面保持一致。每三年更换一次电解液，但不允许使用含酸性水或稀酸来调整电解液面，否则将导致电池损坏。

2. 保持蓄电池清洁

在使用中，应经常保持电池外部清洁，及时清除附着在电池上的电解液污渍，严禁与酸性物质接触。镉镍蓄电池爬碱时，维护方法是将蓄电池外壳上的正、负极柱头的爬碱擦干净，或者更换为不会产生爬碱的新型大壳体镉镍蓄电池。对于生锈的连接板线柱等可用水清洗后擦干，也可用沾有煤油的布擦去锈痕。切忌用酒精清洗，在螺母极柱及跨接板上涂上凡士林油，以防腐蚀。注意不要让水进入电池内，也不要积存在盖上以防漏电。

3. 定期活化电池

定期对电池进行活化。蓄电池长期浮充电运行，会引起容量不足。为了延长电池寿命，每年要进行一次活化处理。活化处理的方法是：以倍率电流，将电池放电至电池电压达到截止电压，然后以同样电流充放循环一次，重新充电后再使用可有效延长电池寿命。镉镍蓄电池容量下降，放电电压低时，维护方法是更换电解液，更换无法修复的电池。

镉镍蓄电池常见故障有电解液溢出、接地和容量不足等。

处理电解液溢出的方法是：清理电池表面、旋紧气塞、降低液面，但要保证液面高度处于电池的规定范围内。

处理接地的方法是：将滴落在电池表面及电池槽内的电解液及其他液体擦干净，将电池放在通风的地方干燥，以增强其绝缘强度。

处理电池容量不足的做法是：先用特定电流充电以后，再用同样电流放电到截止电压。这样充放电循环一次，即可使容量满足要求。如果充放电循环后仍不能满足要求，则可能是因为容量减少或电解液内含杂质，需更换电解液方可恢复容量。

在电池装配过程中，将电极和隔膜压紧可阻止某些变形力的影响，并减少活性物质的损失。

6.4 锌银蓄电池的维护与修理

6.4.1 锌银蓄电池的失效模式

锌银蓄电池的失效模式主要有：容量衰减、隔膜变质、锌枝晶生长、电解液吸收二氧化碳变质等。其中容量衰减是最常见的失效模式，导致锌银蓄电池容量衰减的因素很多：在电极方面，锌极自溶导致自放电，进而降低了电池容量；活性材料的结构发生变化，特别是负极结构改变引起的极化和钝化，造成活性颗粒脱落；在电解质溶液方面，锌银蓄电池的电解液是氢氧化钾(KOH)，氢氧化钾同空气接触时，会吸收二氧化碳(CO_2)，生成碳酸钾(K_2CO_3)，导致电解液电导率下降。此外，微短路也是在使用中遇到较多的一种早期失效模式。

6.4.2　锌银蓄电池维护与修理的主要内容

锌银蓄电池不宜过早地注入电解液，尽可能地在用电设备的其他准备工作都做好的前提下，适时实施，否则会因碱电解液对隔膜的侵蚀和银迁移氧化破坏隔膜，缩短其实际使用寿命。干式放电态的蓄电池一般在使用前 3～5 天注入电解液，使电解液充分渗透电极与隔膜后再使用。干式荷电态的蓄电池在使用前几小时甚至 30 分钟注入电解液即可，锌银蓄电池将自动激活，如激活后不适用需要抽出电解液。

使用时，采用低充放电倍率，断续、脉冲直流充电或叠加交流充电的充电方式，同时禁止过充和过放，可有效延长电池使用寿命。高温下使用和搁置时，尽可能将电池温度控制在 15～35℃，此时电池电压平稳且容量最高，并且可以维持应有的设计寿命。

第 7 章　装备电池的回收与利用

电池的回收再利用是电池全寿命周期技术管理的重要环节。本章重点介绍装备电池的拆解回收和梯次利用。

7.1　装备电池的回收

随着装备中电池应用越来越多，废弃电池量也快速增加，如何处理这些废弃电池成为一个重要的课题。

不论是哪一种电池，其中都包含了许多高价值金属材料，如锂、镍、钴、铅、铜、铝、锰等，这些金属如果直接填埋，不仅是资源的浪费，同时也会对土壤、水源等造成金属污染，因此回收电池不仅可以节约自然资源，降低材料消耗，同时也可以大幅度减少对自然环境的污染。通过回收方式，循环利用电池材料，可以实现资源的可持续利用，为国家持续发展做出贡献。

由于装备中电池种类较多，因此需要根据电池的特点，选择不同的电池回收方式。目前电池回收的可行方法主要有两种：干法回收和湿法回收。干法回收属于物理回收方法，不借助化学溶液，采用破碎筛选、高温热解等方法分离电池的金属及其化合物。干法冶炼回收电池的原理简单、设备简便、应用广泛。但是，其能量消耗大、回收效率低，且有二次污染和安全性的问题。比较适合铅酸蓄电池、干电池等的回收，但是不适合锂离子电池。湿法回收属于化学回收方法，一般采用破碎分选→溶解浸出→分离回收的处理过程，湿法回收应用较广泛，电池中金属材料回收率和纯度高，适合包括锂离子电池的多种电池。但是存在成本高、化学溶液污染环境的问题。

7.1.1　锂离子电池的回收

锂离子电池是一种典型的可充电电池，适用于广泛的消费类电子产品、电动工具、电动汽车和储能等领域。在使用过程中，锂离子电池会产生各种危害物质，如锂、镍、钴和有机溶剂等，如果不妥善处理可能会对环境和人类健康造成严重危害，电池使用后需要进行统一回收处理。回收厂通常会先将电池进行物理破碎，再进行化学分离，对钴、镍、锂等元素进行提取和重组，以便再利用。回收锂离子电池的过程比较复杂，需要将电池进行多次的物理、化学处理，包括破碎、分离、溶解和重组等步骤，以提取出其中有价值的物质。一般在回收电池时，需要依次进行以下几个步骤。

（1）对电池进行物理破碎和分离处理。

（2）采用化学提取技术，对破碎的电池进行处理，以提取其中具有价值的元素和化合物。

（3）对所提取的物质进行精细加工，以实现其可持续利用的目的。

7.1.2　镉镍蓄电池的回收

镉镍蓄电池，一种可充电的电池，其所含的有毒物质，如镍和镉，对人体和环境都会带来巨大的危害。电池中含有大量的有害物质，如果不及时对它们进行处理，将会影响人类健康，甚至危及人们的生命安全。因此，必须将电池运送至指定的电池回收中心，以便进行电池的回收和处理。在电池回收处理过程中，最重要的就是电池的拆解与提纯工作。在电池回收过程中，必须先运用特殊设备对其进行分解，接着进行电极材料和有毒金属的分离、熔融，最终再进行金属或合金的提炼。回收后的产品可以用来生产镍氢电池，也可用于其他工业领域。镉镍蓄电池的回收过程相对简单，通常遵循以下流程。

（1）对电池进行分解，对其中含有有毒金属成分的材料进行分离处理。

（2）通过对铅酸和杂质进行单独收集，以及对有价值的金属和化合物进行单一收集，从而确保回收材料的纯度。

（3）对于镍、钴等有价值的金属，我们采用化学分离和提取的方法进行处理，以便进行再次利用。

（4）利用回收的镍和钴材料进行再生处理，以生产新型电池或其他相关产品。

7.1.3　镍氢电池的回收

镍氢电池是一种可充电电池，其使用后可通过邮寄或送至指定回收站等方式，向电子产品制造商提供充电。镍氢电池在使用过程中要经过多次充放电才能达到其容量，因此会产生大量的剩余电量，这些剩余电量一旦超过了安全标准，就很容易引发安全事故。镍氢电池还可以被运送至指定的电池回收中心，以便进行电池回收和处理。在电池回收过程中，必须先进行分解，以分离出有价值的物质，接着通过熔炼和化学处理将其分离出来，以便进行再次利用。回收镍氢电池的过程就是把废弃的镍氢动力电池转化为电能的过程。具体的回收流程包括以下若干步骤。

（1）对电池进行拆卸，将其分解为多个部件，以减小其体积，从而提高其运输和储存的便利性。

（2）为确保回收后的材料具有可再生性和可利用性，需对电极材料和有害物质进行有效的分离。

（3）对回收的材料进行化学加工，使其达到再利用的标准，以生产新型电池或其他相关产品。

7.1.4 铅酸蓄电池的回收

铅酸蓄电池由于结构简单，因此可以很好地进行回收，技术上铅酸蓄电池内主要材料的回收比率已超过98%。我国也规定到2025年，铅酸蓄电池的回收率要达到70%以上。铅酸蓄电池中，铅部件的重量约占电池总重量的70%左右，是最主要的回收材料，同时电池中各种材料形态简单，可以直接采用干法回收完成电池的分解和材料回收。

（1）进行铅酸蓄电池的收集工作，可以在汽车修理厂或专门的回收站进行。

（2）对所收集的铅酸蓄电池进行分类，根据其规格和容量进行分组，以便在回收加工过程中最大限度地利用回收材料，从而减少资源的浪费。

（3）对电池进行分解处理，以分离铅、硫酸和其他杂质。

（4）通过对铅酸和杂质进行单独收集，以及对有价值的金属和化合物进行单一收集，从而确保回收材料的纯度。

（5）对有价值的铅进行精炼处理，使其达到再利用的标准，以便用于生产新型电池或其他产品。

在回收铅酸蓄电池的过程中，必须格外留意周围环境和个人的安全，例如在拆卸时，必须确保操作环境的通风良好，佩戴防护手套和口罩，以避免接触有毒的铅和杂质，从而避免对身体健康造成的潜在危害。

7.2 装备电池的梯次利用

梯次利用是将剩余容量较高且整体满足使用需求的电池适当修复并统一

标准后，投放至低要求的电池领域进行二次使用。目前，电池的梯次利用主要集中在电动汽车的锂离子动力电池上，其他电池很难开展梯次利用。

随着电动汽车等新能源产业的快速发展，对退役动力电池的利用率也提出了更高的要求。当一般退役动力电池的剩余容量处于60%～80%的范围内时，其梯次利用价值呈现出较高的水平。随着退役动力电池数量逐渐增多和其寿命延长，若再采用传统方法对退役电池重新充电则会使电池性能下降甚至失效。一旦动力电池的容量降至初始容量的80%以下，它就不再适用于高需求的电池领域，而是进入了梯次利用的阶段。

退役动力电池在经过筛选拆解、统一标准、重新组合等一系列流程后，能够持续发挥其剩余寿命，从而进一步降低其全生命周期成本。随着锂离子蓄电池在电动汽车中的广泛应用，废旧动力电池回收再生将成为我国循环经济发展的重要组成部分，也是缓解资源短缺和环境问题的重要途径之一。经回收再生处理的废旧动力电池可利用于储能领域，包括但不限于电网调峰调频、削峰填谷，风光储能，铁塔基站，以及低速电动车等。

第 8 章　部队充电间建设与管理

充电间作为部队装备电池维护管理的重要场所，在部队装备保障中发挥着极为重要的作用。本章重点介绍目前部队充电间建设的主要内容和基本要求，并给出充电间的相关使用管理规定。

8.1　充电间建设

8.1.1　充电间的主要功能

智能化、信息化、一体化充电间功能完善，数字化管理程度高，是目前部队装备电池使用和维护保养的重要手段。在满足蓄电池日常维护和战备使用的基础上，充电间应配置足量充电维护设备，增设设备间、储物间，地面做环氧地坪漆处理，并符合《通用用电设备配电设计规范》(GB 50055—2011)中对蓄电池维护的相关规定。

装备电池充电间建设，需要配置智能化充电机，并实现对电池充电间的智能化充电管理，在确保装备电池正常充放电的同时，提高日常使用及维护质量，满足部队装备电池的日常维护和战备维护需求。目前，市场上智能化程度高的充电机型号多、功能完善，内置智能算法可实现一键式智能充电，同时具有多种充电模式，可根据实际维护需求自主设置。充电机设备操作简单，可做到电池充电及维护的低技术门槛，并可解决整组串联电池充电不均衡导致的充电质量问题，同时进一步提高充电过程的精细化管理，延长电池的使用寿命，并可根据历史信息智能调整充电参数，实现电池的智能充电管理。

充电间配置的充电间环境监测系统，是确保充电间环境运行安全的重要手段。充电间的温度、湿度等环境要素直接影响蓄电池的充电效率，良好的现场环境可有效提升蓄电池的维护质量。蓄电池充电过程中，会解析出氢气、二氧化硫、硫化氢等有害气体，氢气浓度过高可引起安全事故；同时长期处于较高浓度的二氧化硫和硫化氢环境中会对人员健康造成不良影响。充电间环境监测系统可对有害气体进行有效监控，从而提升充电间运行的安全性。

充电间配置的装备电池智能出入管理系统，是智能充电间建设的重要内容。增设出入口智能识别设备，与电池单体管理终端结合，利用电子标签等手段可自动识别并记录电池规格、型号、历次充电时间、历次维护时间、服役时间、所属单位等信息，实现对装备电池的全寿命周期管理，从而提高装备电池管理的信息化、智能化水平。

充电间配置的环境安防可视化管理系统，可对充电间温度、湿度、烟感、有害气体、人员作业等进行集中监控管理，同时可对相关信息进行历史查询、存储、管理；对充电过程进行远程实时监控，并可实时获取充电机工作状态、蓄电池单体充电状态等数据信息。

智能化的装备电池充电间，可对充电机运行过程中的电压、电流、时间、充入容量等参数，以及运行状态、故障信息等数据进行全过程记录，并利用这些记录信息不断修正充电参数；对电池充电维护信息进行自动采集存储(包括单体充电信息、维护保养信息、借还信息)，实现蓄电池全寿命周期管理。通过智能管理平台，对电池的维护保养工作进行精细化管理，根据电池状态智能设定保养任务计划，并具有智能提醒功能，提高蓄电池的维护效率并确保电池维护质量。

8.1.2　充电间建设的基本要求

电池充电间是用于蓄电池充(放)电、质量检验、保管、保养和维护修理的场所，通常配建在装备库房附近的下风口处。充电间主要包括充(放)电及保管作业区、蓄电池修理间、电解液配剂室、配电控制室、值班室等。充电间内地面应当高于路面 0.2 m 以上，该进、出口处地面与路面接口处引导路面呈约 2°的缓下坡，该间内地面硬度不小于 0.06 MPa。

1. 充(放)电及保管作业区

面积要求：该作业区面积依据所存放装备的数量确定(单个蓄电池机组存放所占用面积约为 1.6 m×0.5 m)。

通风换气要求：该作业区应配有强制通风系统，换气能力不小于 4 次/小时，一氧化碳浓度不超过 0.04 mg/L(短时间(15 分钟)内一氧化碳浓度不超过 0.12 mg/L。)

供电要求：该作业区提供充(放)电专用线路接口；在墙壁四周距地面 0.3 m 处配有不少于 6 个 24 V/36 V 直流电源和 220 V/380 V 交流电源接口；提供照明电源。

其他要求：该作业区应当与其他作业区隔开，作业区温度不低于10℃；地面和墙体表面进行防酸处理，沿墙壁四周距地面0.5 m处设置排水沟。

2. 蓄电池修理间

面积要求：该间的建设规模应满足能同时对4块以上的蓄电池展开维护保养作业和待修蓄电池、维修器材、设备、工具等的存放要求。面积一般不小于24 m^2。

通风换气要求：该间内应配有强制通风排烟系统，换气能力不小于4次/小时，间内一氧化碳浓度不超过0.04 mg/L，短时间(15分钟)不超过0.12 mg/L。

供电要求：该间内墙壁四周距地面0.3 m处配有不少于6个24 V/36 V直流电源和220 V/380 V交流电源接口，并提供照明电源。

其他要求：该间内应当与其他作业区隔开，作业区温度不低于10℃；地面和墙体表面进行防酸处理，地面硬度不小于0.06 MPa。

3. 电解液配剂室

面积要求：该室通常按照蒸馏水制剂与存放、化验与调制、洗刷清洁3个工位进行规划布局。蒸馏水制剂与存放工位，按照两套外形尺寸为1.2 m×2 m的蒸馏水制剂设备和不少于4个约0.6 m^2的蒸馏水储存容器的占用面积进行规划布局；化验与调制工位，按照约2 m×0.8 m的工作平台占用面积进行规划布局；洗刷清洁工位按照1个人的作业占用面积进行规划布局。面积一般不小于24m^2。

通风换气要求：该室内应配有强制通风系统，换气能力不小于4次/小时，室内一氧化碳浓度不超过0.04 mg/L，短时间(15分钟)不超过0.12 mg/L。

供电要求：该室内墙壁四周距地面0.3 m处配有不少于6个220 V/380 V交流电源接口，并提供照明电源。

给排水要求：该室内配有给水排水系统，满足蒸馏用水的要求。

4. 配电控制室

面积要求：该室通常按照4台配电柜和1台电源控制柜占用面积进行规划布局，一般不小于20 m^2。

设置要求：该室内应配有能够与充放电作业区通视的封闭窗口。

供电要求：该室内墙壁四周距地面0.3 m处配有不少于6个220 V/380 V交流电源接口，并配有照明电源。

5. 值班室

面积要求：该间面积一般不小于12 m^2。

供电要求：该间内应配有220 V/380 V交流电供电系统，电源容量应有冗余，按负载额定功率1.5倍选用；墙面周围距地面0.3 m处相应位置配置有不少于4个220 V/380 V交流电源插座，并配有照明电源。

给排水要求：该间内配有生活给水排水系统，满足生活用水的要求。

通信要求：该间内预留军用电话接口。

网络要求：该间内预留通信电(光)缆及军用网络终端接口。

安全监控与报警：该间内预留安全监控与报警设备的数据及电源接口。

8.1.3　智能充电间应用案例

选取某部队的充电间建设具体方案为典型案例，简要介绍智能充电间的主要组成。

1. 智能充电间

充电间硬件组成主要包括以下几部分。

1）新型智能充电机

新型智能充电机通常体积小、效率高，并采用智能充电算法，多模式自由选择，可在满足充电能力需求的基础上，极大地提升蓄电池充电维护效率和维护质量。新型智能充电机具备智能管理接口，可对接软件平台进行管理。智能充电机的单路输出电压0～130 V/20 A，可同时对8块12 V蓄电池或4块24 V蓄电池进行串联充电，单台8路智能充电机可同时对64块12 V蓄电池或32块24 V蓄电池进行串联充电。设备内置蓄电池智能算法可一键式进行智能充电，同时具有智能充电、维护充电、初充电等多种与电池维护保障匹配的充电模式。

根据充电间布局，考虑整体充电能力，根据部队装备电池日常充电业务工作量，一般配置1台8路智能充电机，即可同时满足64块12 V或32块24 V蓄电池充电维护需求。目前市场上的智能充电机有多种型号可以选择。常见的智能充电机如图8-1所示。

图8-1　常见的智能充电机

2）智能单体管理终端

装备电池智能单体管理终端（通常
1套智能单体管理终端设备最多可配置7组智能级联器，可同时管理8块蓄电池），可实现单体电池充电过程的智能管理，并在串联充电的基础上，解决整组串联电池充电不均衡导致的充电质量问题。智能级联器内置射频识别装置，系统可自动识别电池标签信息（包括电池型号、厂家、上次充电时间、历史充电曲线）。充电参数配置完成后，点击"充电开始"按钮，自动开始充电。级联器内置温度传感器，实时监控电池充电过程的温度，精细化控制充电实时电流，温度过高立即自动停止充电操作并进行声光告警，从而防止热失控现象的发生，提高充电操作的安全性。

3）电池存放及充电线路敷设

采用便携式移动充电小推车对蓄电池进行存取。充电间合理布置充电位（充电箱），并将充电线缆直接敷设至充电箱，充电时将电池通过小推车运送至充电箱附近，充完电后再通过小推车将电池运送至对应车辆。

小推车摆放位置和充电箱安装位置如图8－2所示，表8－1是设备安装的基础信息。

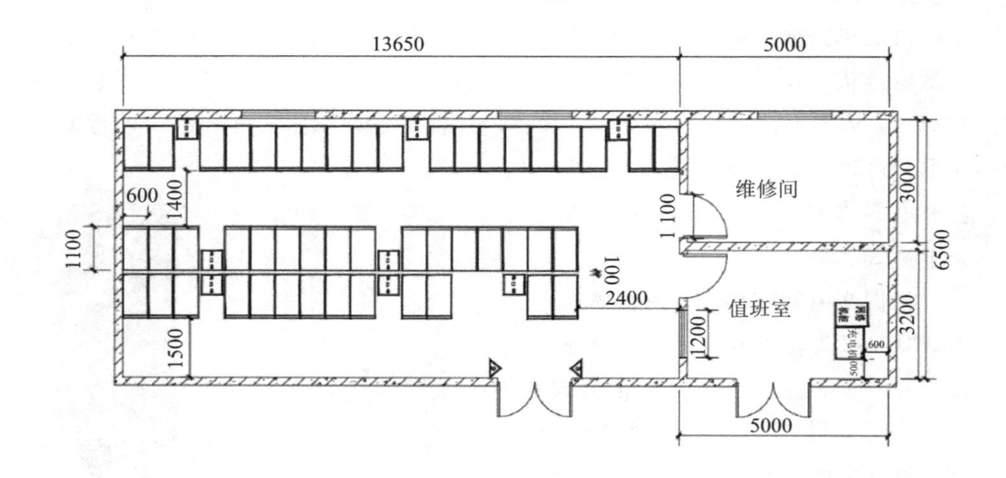

图8－2　小推车摆放、充电箱安装位置示意图

表 8-1　设备安装的基础信息

序号	设备名称	设备图例	使用线材	拟安装数量	单位	备注
1	充电机	充电机	国标 16 平方毫米铜芯线缆	1	台	8 条支路
2	小推车		—	若干	辆	根据需求购买
3	充电箱		—	8	台	安装精细化充电控制终端
4	出入库管理终端	RD	—	1	套	—

2. 智能信息化管理系统

充电间整体建设完成后，通常需要安装智能信息化管理系统。智能信息化管理系统主要包括以下几个部分。

(1) 智能充电子系统。该系统实时监测充电机每路输出工作状态，包括电压、电流等，记录充电过程数据；可通过管理软件对充电机进行控制，从而简化充电机操作步骤并提高充电维护效率；并可通过软件平台存储、管理、查询电池历史充电信息。

(2) 环境安防监测子系统。该系统通过安装的氢气、二氧化硫、硫化氢等有害、易燃易爆气体探测器、烟感探测器、温湿度传感器以及视频系统，利用充电间管理平台对环境监测信息进行统一可视化呈现及管理。

环境安防监测传感器安装位置如图 8-3 所示，环境安防监测传感器数量及图例见表 8-2。

(3) 智能资源管理子系统。该系统可对蓄电池出库、入库、充电、维护等全生命周期内的相关工作记录进行自动化登记，通过报表系统进行报表打印、报表输出等，实现蓄电池的信息化管理。

(4) 智能维护子系统。该子系统可根据蓄电池的性能评定结果自动生成维护计划，并进行推送提醒，也可根据维护管理规定，预置或手动添加维护计划任务；同时可统计汇总维护计划完成情况，通过报表管理功能生成管理报表，实现蓄电池维护的智能化管理；通过充电系统监测，达到对充电过程数据的全程记录，在提高充电管理效率和质量的同时，为判断蓄电池状态提供分析依据；通过有害气体、烟感、温湿度等环境信息采集，将充电间工作环境进行可视化，提高充电间运行环境的安全；通过对蓄电池的全生命周期管理，极大地提高蓄电池的管理水平，提升蓄电池的使用寿命，确保设备资源的可追溯性；通过报表管理功能，可自定义管理报表，定期打印输出，减少人工记账带来的工作量和人为失误。

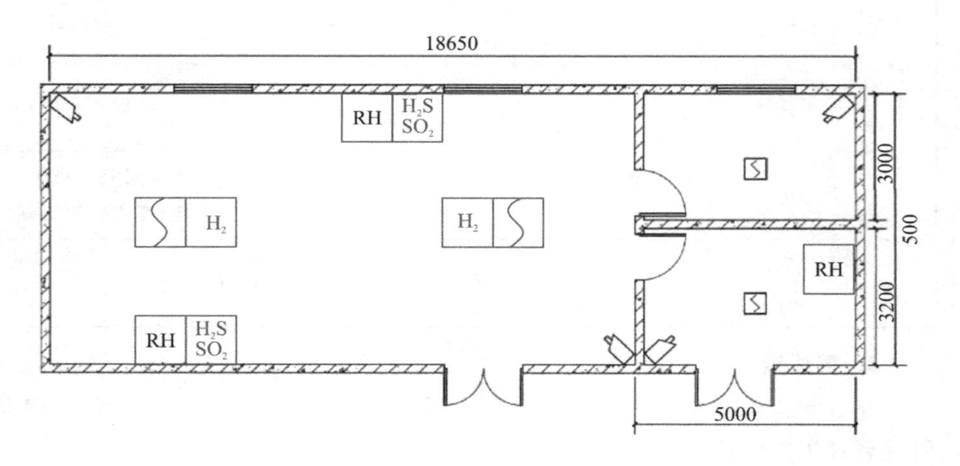

图 8－3　环境安防监测传感器安装位置示意图

表 8－2　环境安防监测传感器数量及图例说明

序号	设备名称	设备图例	使用线材	拟安装数量	单位	备注
1	温湿度传感器	RH	RVVP4×0.3 mm	3	个	—
2	烟感探测器		RVVP4×0.3 mm	4	个	—
3	氢气传感器	H_2	RVVP4×0.3 mm	2	套	—
4	硫化氢/二氧化硫二合一传感器	H_2S SO_2	RVVP4×0.3 mm	2	套	—
5	视频摄像头		CAT6	4	台	—

综上所述，智能充电间系统由充电系统、资源管理系统、环境安防系统、维护管理系统以及管理平台软件组成。具体建设方案可参见图 8－4～图 8－7。

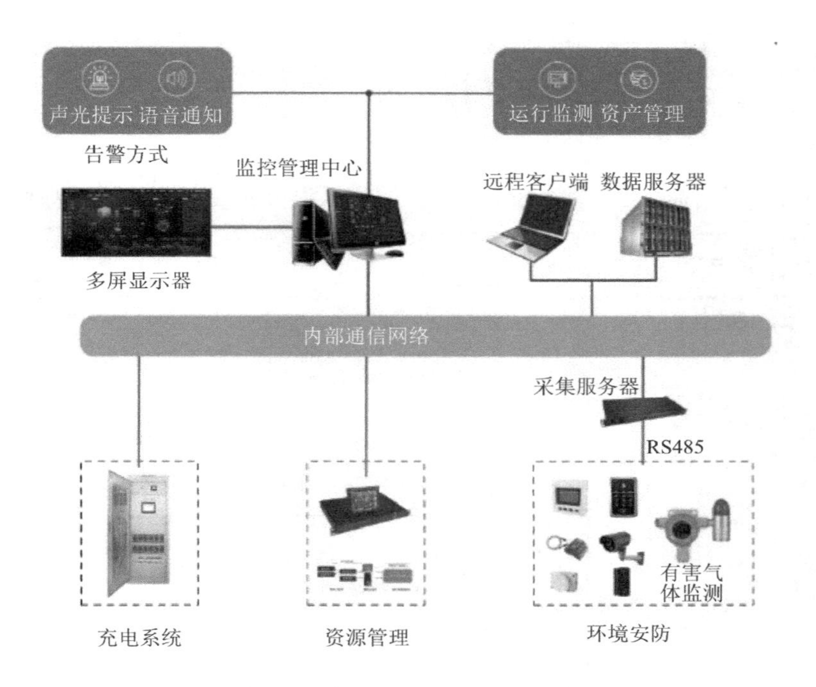

图 8-4　智能充电间系统架构图

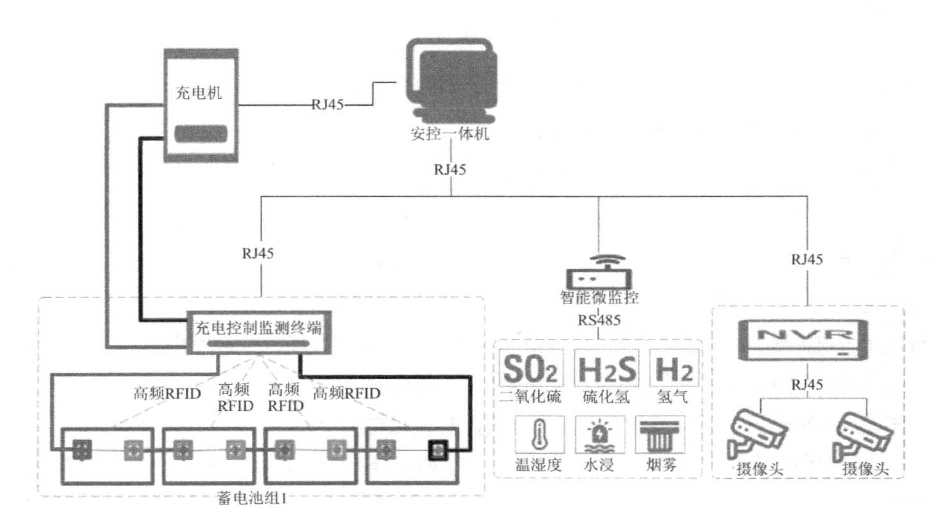

图 8-5　智能充电间网络拓扑图

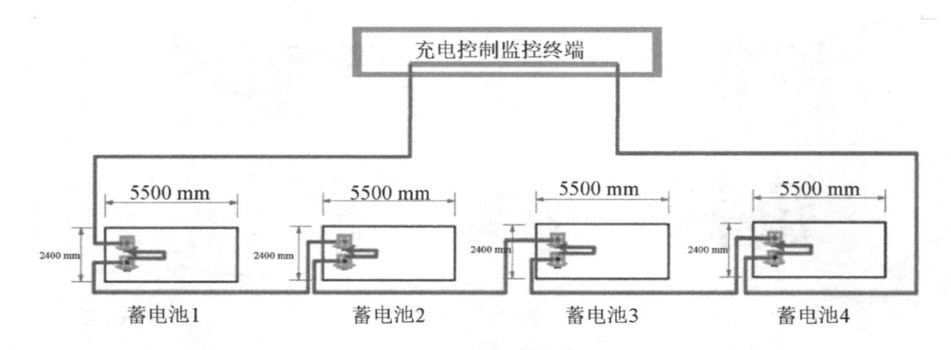

图 8-6 智能充电管理终端物理连接示意图

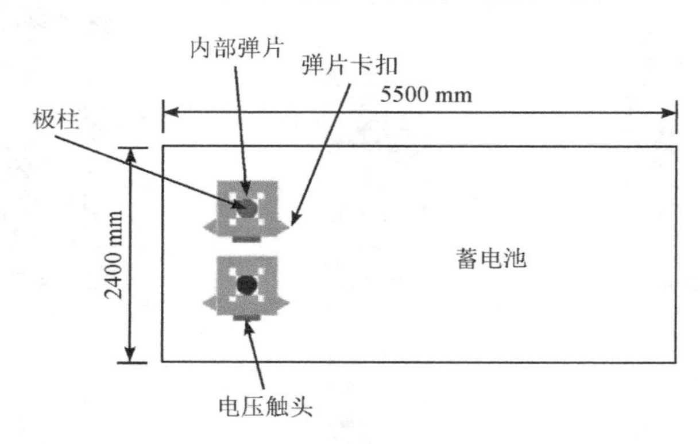

图 8-7 智能级联器示意图

3. 智能充电间管理系统的功能

智能充电间管理系统的主要功能如下。

(1) 智能充电。物理线路连接完成后，系统自动识别电池信息，智能配置充电参数，点击“充电开始”按钮，自动开始充电；整组串联蓄电池的智能均衡充电控制，实现单节精细化充电管理，单节蓄电池充电过程中端电压、电流、温度实时监测，蓄电池实时充电安全管理，各输出端口独立控制，充电线路各节点故障旁路功能；智能设置之外，可手动选择充电方式，初充电、常规充电、维护充电多模式可选；输出端电压自修正；充电任务完成后自动停止。

(2) 智能维护。电池充电历史记录分析；电池性能评定；电池全寿命周期管理；维护任务智能提醒，智能推送超期及邻近维护期电池信息，并可导出、打印该部分电池信息及所属单位，便于管理人员下达维护通知。

(3) 智能环境安防。温湿度监测，有害气体监测，烟雾监测，视频监控；资源管理，资产调配管理(出入库记录、操作记录、维护记录等的管理和查询)；

蓄电池历史数据多维度管理和查询。

（4）表报资料。专家库管理（告警检索、建议推送），自定义报表。

（5）用户及权限管理。权限配置管理，界面配置，用户管理。

（6）可视化综合态势呈现。充电间布局可视化呈现，环境监控可视化呈现，蓄电池战备情况综合态势呈现，充电情况综合态势呈现等。

该系统可对充电间的充电设备、充电环境、数据资料等进行统一管理；并可实现蓄电池的全生命周期管理，对每块蓄电池进行身份标识，对蓄电池出库、入库、维护等全生命周期操作进行管理，从而提高蓄电池的部队管理能力，并延长蓄电池的使用寿命。该系统内置大量充电方案、维护方案、蓄电池参数曲线和智能算法，可大幅提高蓄电池充电、维护的效率和质量；采用先进的物联网技术进行蓄电池管理，并运用大量积累数据及案例进行计算推演，可实现智能充电、智能检测、智能维护、智能管理、智能环境监控等功能。该系统操作简单，界面友好，可直观、系统地对充电间内的蓄电池管理情况、充电状态、环境状况、维护状况进行综合态势分析呈现，随时掌握蓄电池战备状态。系统建设配置清单见表 8－3。

表 8－3　智能充电间系统建设配置清单

序号	设备项目	规格型号	单位	数量	备注
一	精细化充电管理系统				
1	智能充电机	输出电压 0～130 V，电流 0～30 A，8 路，带智能接口协议，可实现远程智能控制	台	1	
2	精细化充电控制终端	每路配置 1 套，结合智能级联器实现对每块电池的精细化管理	套	8	
3	智能级联器	配合单体智能监控终端使用，每路配 7 个，可实现单路 8 块蓄电池的精细化管理	个	56	
4	精细化充电箱	定制	台	8	
二	环境监控管理系统				
1	智能温湿度传感器	RS485 通信，带液晶显示	个	3	
2	烟感探测器	3C 认证，带编码	个	4	
3	氢气传感器	带 LCD 液晶显示，RS485 信号输出，进口高精度传感器，测量范围：0～1000 ppm，分辨率 0.01 ppm；精度小于 3%	套	2	

续表

序号	设备项目	规格型号	单位	数量	备注
4	硫化氢、二氧化硫二合一传感器	带LCD液晶显示，RS485信号输出，进口高精度传感器，测量范围：0～100 ppm，分辨率0.01 ppm；精度小于3%	套	2	
5	视频摄像机	200万红外，POE供电	台	4	
6	硬盘录像机	8路	台	1	
7	监控级硬盘	6T	块	1	
8	串口服务器	8路，485转以太网，用于485接口设备接入	台	1	
9	服务器	管理系统安装，机架式，CPU：2.0主频8核16线程以上，16 G内存，1T硬盘，2.5英寸硬盘，支持热插拔，双电源	台	1	
10	24口千兆POE网络交换机	用于视频摄像头接入供电、服务器、串口服务等网络接口设备接入	台	1	
11	专用电源	DC48 V/10 A，用于蓄电池单体智能监控终端供电	个	1	
12	专用电源	DC12 V/7.5 A，用于各类12 V传感器供电	个	1	
13	网络机柜	600 mm×800 mm×2000 mm，用于监控管理主机、交换机、串口服务器等管理设备安装	台	1	
三	资源管理系统				
1	入口探测器	标签扫描检测	套	1	
2	生命周期管理标签	配合入口探测器、蓄电池单体智能监控终端以及智慧充电间管理系统使用，可实现对蓄电池的全生命周期管理，带数据存储，每块电池配1个	个	300	
3	手持式管理终端	定制	套	1	
四	软件系统平台				
1	业务台电脑	联想(Lenovo)	台	1	选配，可自行提供
2	55寸大屏	工业级4 K高清显示屏	台	1	选配
3	充电间管理系统	JZ-ICMS智慧充电间管理系统，含智能充电管理系统、环境安防管理系统、资源管理子系统、管理平台软件	项	1	

8.2　充电间管理

8.2.1　充电间安全操作规程

严格按照充电间安全操作规程，开展电池充电和维护保养工作，确保安全无事故。

(1) 作业前，按规定要求穿戴防护用品；作业后，应用肥皂、碱水洗净手和脸。

(2) 充电前须检查充电设备技术状况，确保连接正确、接地可靠、性能良好。

(3) 蓄电池接线应正确、可靠，防止正负极错位、线头松动、混线和短路；禁止用短路方法检查蓄电池电压。

(4) 充电过程中，应适时检查电解液比重、温度和蓄电池电压变化情况；当电解液温度达到 45℃时，应停止充电，待温度下降后再充。

(5) 硫酸、蒸馏水须密封保管，加注时须使用专用器皿，严禁使用金属容器；配制电解液时，只允许将硫酸向蒸馏水中慢慢注入，并不断搅拌，以免沸腾伤人；渗漏在地面、台架上的硫酸，要及时清洗干净。

(6) 充电过程中，操作人员不得离开工作岗位，充电结束后要及时切断电源，整理工作场地。

8.2.2　充电间管理规定

充电间作为装备电池维护保养的重要场所，应严格按照相关规定要求进行日常管理。

(1) 室内设通风装置和上下水管道，电气线路应有防腐措施，地面、内墙裙和蓄电池架(台)应用耐酸材料。

(2) 按标准配齐工具、设备，并登记造册，分工专人管理，工具设备摆放有序、清洁、无丢损、无锈蚀。及时保养，出现故障及时修理。人员工作如有变动，严格履行交接手续。

(3) 室内应张挂《充电间管理规定》《充电安全操作规程》和《充电工艺流程图》。保持防爆设施、灭火器具完好，严禁烟火，无关人员不得入内。

(4) 建立充电值班制度，正确掌握充电时机，避免过充或欠充电。一般情况下，不用快速方式充电。

(5) 充电时，要严格遵守操作规程，注意防护，保证人员、器材、设备安全。

(6) 充电完毕，将地面和充电槽冲洗干净，关闭电源和水源，认真填写《军械仓库机械充电登记簿》。

(7) 硫酸、蒸馏水和蓄电池应按指定地点存放。

8.2.3 充电间电池保管要求

装备蓄电池在部队充电间保管中应当遵守相关规定要求如下：

(1) 碱性蓄电池与酸性蓄电池分库保管，库房应清洁、防潮、通风。

(2) 蓄电池不得倒置，大型蓄电池叠放不得超过 3 层。

(3) 保管时，在镀镍和金属部分涂上通用装备润滑脂，但涂有沥青的部位不得涂油。

(4) 未经使用的碱性蓄电池按出厂状态保管；使用过的碱性蓄电池长期储存时，先放电到 1 V，然后将电解液倒出擦净，旋紧注液孔螺塞，擦净外壳的灰尘及附着盐类，并在金属部位涂上通用装备润滑脂。严禁用水洗涤蓄电池，以防极板锈蚀。

(5) 未经使用的酸性蓄电池按出厂状态保管；使用过的酸性蓄电池一般采用干态保管。首先，进行 10 小时至 20 小时的放电，放至电压为 1.8 伏为止，倒出电解液，注入蒸馏水，放置 3 小时。然后换水，这样重复数次；最后将水倒出，将电池倒置，使注液孔向下放置 24 小时，将水控干，拧紧注液孔盖，并用石蜡封上。

(6) 装备换季保养时，应调整蓄电池的电解液比重。

(7) 特殊环境下的蓄电池维护保养：高原地区，应经常检查蓄电池的电解液液面高度，并按技术要求调整和补充；炎热条件下，应经常检查蓄电池注液口盖通气孔和电解液液面高度。

(8) 蓄电池应当在充电保管间采取干式存储或带液储存方式进行保管，干式储存的比例应当与战备车的比例大体相当，干式储存期通常不超过 5 年，干式储存的蓄电池必须备足预置配套的专用电解液。

(9) 器材仓库中，配用电池应单独存放；蓄电池存放防止超高和倒置；存放弹药、地爆器材危险品的仓库内，不得存放酸、碱、开放式电池等腐蚀性化学物品。

第 9 章　电池技术发展展望

随着科学技术的迭代发展，大量新型电池开始占据用户市场。本章重点介绍电池的发展趋势及主流新型电池。

9.1　电池的发展趋势

由于能源、汽车、电子等产业的变化与发展，对电池的需求量快速增加，同时对电池性能也提出了更多的要求。传统的电池虽然已经得到广泛应用，但是还存在很多问题，比如电池的循环寿命还无法满足电动汽车、电力储能系统的需求，电池的工作温度特别是低温还不能适应高寒地区的工作要求，电池的能量与重量的比值还需要提升，电池的安全性仍需要增强等等，因此电池还有巨大的发展空间。未来电池的发展集中在两个层面，一是现有电池的改性提高，重点是现有电池材料体系的优化；二是开发新型电池，包括新的材料体系、新电化学反应原理等。不管是哪一种，都将注重更大的能量密度、更高的能量效率、更低廉的原材料和更强的安全特性等方向。

随着电池的研究，已经出现了众多新型电池，既包括改进型电池，也有新原理电池。这些电池和传统电池相比具有各自独特的优势，具备很好的应用前景，其中部分已开始批量生产并投入市场应用，是未来电池技术发展的重点。

9.2　铅 炭 电 池

铅炭电池是在传统铅酸蓄电池的基础上，结合超级电容器改进而来的，通过让具有超级电容特性的负极板部分或全部地代替传统铅酸蓄电池的负极板，形成新的储能装置，其结构如图 9 - 1 所示。

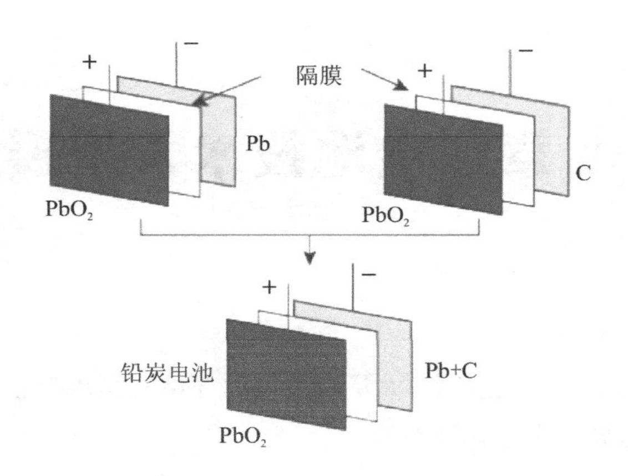

图 9-1 铅炭电池的结构示意图

铅炭电池的充放电过程中，正极发生的反应与传统铅酸蓄电池一致，即 PbO_2 和硫酸根离子反应形成 $PbSO_2$ 和 H_2O；负极反应通过双电层或赝电容充放电。其化学反应过程可表示为

$$正极：PbO_2 + 4H^+ + SO_4^{2-} + 2e \rightleftharpoons PbSO_4 + 2H_2O$$

$$负极：nC_6^{x-}(H^+)_x \rightleftharpoons nC^{(x-2)-}(H^+)_{x-2} + 2H^+ + 2e^-$$

根据负极板与超级电容的结合方式，铅炭电池可分为如下两种类型。

(1) 不对称电化学电容器型。此类铅炭电池以 PbO_2 作为正极，将铅板与超级电容器并联共同作为负极，此时的超级电容器作为铅板的电流缓冲器，在需要高倍率充放电时对铅板提供保护，提高电池的循环寿命和功率密度。此类电池的代表生产公司有 Furukawa、East Penn、Ecoult。此类电池需要碳电极与铅板并联集成，封装难度较大。

(2) 高级铅酸蓄电池型。此类铅炭电池通过在传统铅酸蓄电池的负极活性材料中添加碳元素，与铅产生协同效应，制作出既有电容特性又有电池特性的铅炭复合电极，还能提供保护作用，提高电池性能和寿命。此类电池的代表生产公司有 Axion Power。此类电池仅改变了负极板的材料构成，无需改变目前已经成熟的铅酸电池生产工艺，更易于实现规模化生产。

Axion Power 公司首先提出了将铅酸蓄电池中的铅负极替换为碳电极，并于 2004 年对此类新型电池进行测试，随后展开商业化工作。2006 年，澳大利亚 CSIRO 的 L. T. Lam 等人提出了不对称电化学电容器型铅炭电池的概念，日本 Furukawa 电池公司获得专利授权并开展研究。目前，国内已有多家企业参与到碳铅电池的研制和生产的行列中，包括双登集团、南都电源、圣阳股份和能宝电源等企业，且成功实施了多个风光储应用示范。如浙江鹿西岛 6.8 MW·h 并网新型能源微网项目，珠海万山海岛 8.4 MW·h 离网型新能源微网项目，无锡新加坡工业园 20 MW·h 智能配网储能电站等。

与普通铅酸蓄电池相比，铅炭电池在安全性能、比能量/功率、经济性能和循环寿命等方面均有显著提升。铅炭电池的充电速率提高了 8 倍，放电功率提高了 3 倍，循环寿命能达到普通铅酸蓄电池的 3 倍，如图 9－2 所示。另外，铅炭电池的能量密度和功率均高于普通铅酸蓄电池，而成本仍然是 0.6～0.8 元/(W·h)，未来有望降至 0.4 元/(W·h)。然而，铅炭电池在低温环境下的工作效率较低，并且由于体积和重量较大，难以应用于对设备便携性有较高要求的场合。此外，铅炭电池的合成工艺仍有待于进一步优化，以提升电池性能；铅炭电池和铅酸蓄电池负极含有大量的金属铅，会对环境造成严重污染，后续需要考虑建立完备的电池回收体系。

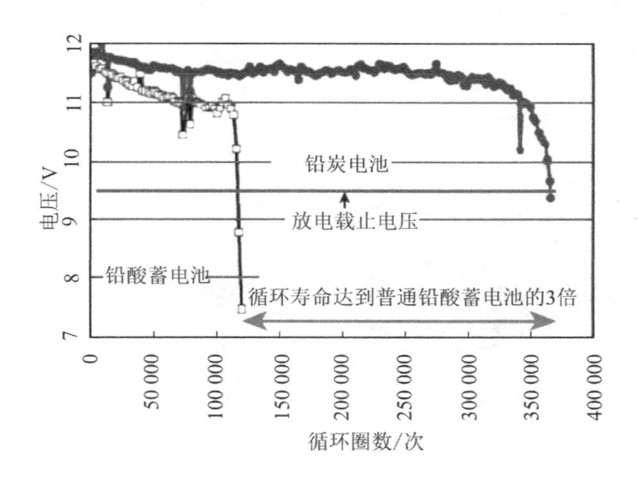

图 9－2　铅炭电池与铅酸蓄电池的循环寿命比较

由于铅炭电池具有与传统铅酸蓄电池相近的低廉价格，同时在性能上拥有显著优势，因此有着广泛的应用前景，可应用于新能源平滑接入、削峰填谷等大规模储能需求场景，也可应用于混合动力汽车、电动自行车等领域。美国 Axion 公司将铅炭电池应用到海军陆战队的战车中；美国 AEP 电力公司不断致力于铅炭电池模块的开发，其中 HES340 型和 FES370 型已经在太阳能、风能、峰谷电网储能等领域得到了广泛应用。南都电源研发的铅炭电池在我国河北、青海、西藏、浙江等省的 14 个微网储能项目中均有应用。南都电源也将铅炭和锂电混合储能系统应用于 2 MW·h 的光储一体化微网储能电站，以达到削峰填谷、平滑功率和预防停电的目的。

9.3 钠离子电池

钠离子电池是在锂离子电池原料供应紧张的背景下发展而来的，其原理和结构与锂离子电池相近，甚至部分锂离子电池生产线可以直接用于生产钠离子电池。钠离子电池的基本结构如图 9-3 所示，包括正极、负极、电解质、隔膜、集流体(铜箔或铝箔)以及密封材料，其中主流正极材料为含钠的过渡金属氧化物，主流负极材料为硬碳。钠离子电池依靠 Na^+ 在正负极材料之间的可逆脱嵌过程实现充放电：充电时，Na^+ 在外部电势差的作用下从正极脱出，经过电解质进入负极，电子经过外电路从正极流入负极，过渡金属失电子价态升高；放电时，Na^+ 从负极材料脱出嵌回正极材料，电子从负极流入正极，将过渡金属还原到低价态。

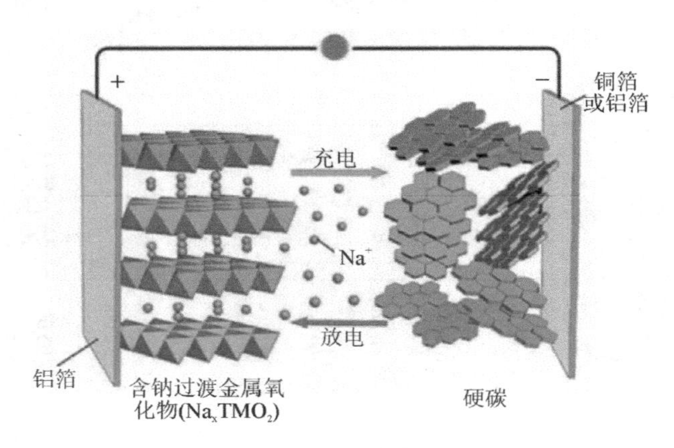

图 9-3 钠离子电池的基本结构示意图

钠离子电池要求正、负极材料具有良好的离子通道，以便钠离子快速转移。目前，钠离子电池的正极材料主要可分为三类，如表 9-1 所示。

钠离子电池的负极材料主要采用硬碳，其他具有应用前景的负极材料如表 9-2 所示。

表 9-1　钠离子电池正极材料分类

材料	说明	优势	劣势
层状过渡金属氧化物	具有良好的离子通道，化学表达式为 Na_xMO_2，其中M为Co、Fe、Mn等金属材料	制造方法简单，比容量高	循环性能差
聚阴离子化合物	具有开放和畅通的钠离子扩散通道和较高的工作电压，化学式为 $Na_xMA[(XO_m)^{n-}]_z$，其中M为具有可变价态的金属离子，X为P、S和V等元素	热稳定性好，循环寿命高	比容量低，导电性差
普鲁士蓝及其类似物	具有较好的化学性能，化学式为 $Na_xMA[MB(CN)_6]\cdot H_2O$，其中MA和MB为过渡金属离子	稳定性高，成本较低	生产过程对水分敏感，难以量产

表 9-2　钠离子电池负极材料分类

材料	说明	优势	劣势
硬碳	具有纳米尺寸的孔洞和较大的层间距，相较于石墨更适合作为钠离子电池负极	比容量高，热稳定性好	循环效率偏低
金属化合物	金属合金材料在充放电过程中与钠发生合金化和去合金化反应	可逆比容量高	反应过程中体积变化大，容易产生材料破裂
合金类材料	基于钠与Si、Ge、Sn等元素的合金材料	理论储钠容量高	存在合金体积膨胀的现象

20世纪60—70年代，科学工作者同时展开了钠离子电池和锂离子电池的研发工作，但由于研究条件限制以及锂离子电池的热度高涨，使得钠离子电池的早期研究进程缓慢。2010年以来，随着锂离子电池资源紧缺问题浮现，科学工作者们开始重新重视钠离子电池的研究，2011年，世界第一家钠离子电池公司Faradion于英国成立。截至目前，全球从事钠离子电池工程化的公司已有20家以上，其中包含松下、丰田等巨头公司。钠离子电池也已从实验室研发阶段走向实用化阶段，2015年，Faradion公司首次将钠离子电池运用到电动自行车中；2021年，宁德时代发布了其第一代钠离子电池，电芯单体能量密度达到160 W·h/kg，具备高能量密度、高倍率充电以及优异的热稳定性。下一代钠离子电池能量密度将突破200 W·h/kg，并于2023年形成基本的产业链。钠离子电池的发展历程如图9-4所示。

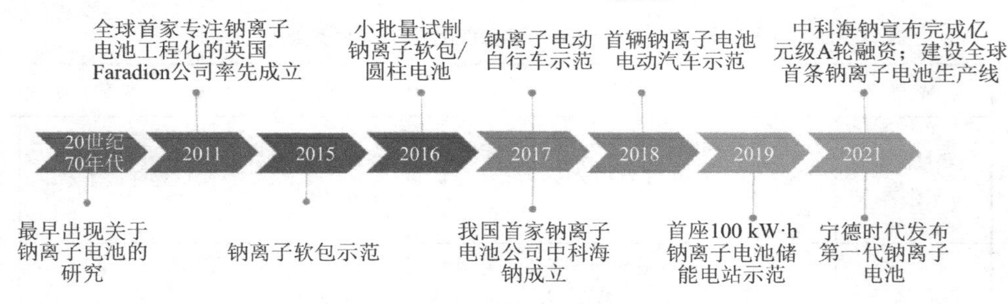

图 9-4 钠离子电池发展历史

钠离子电池的优势在于如下几个方面。

(1) 储量丰富。钠资源储量丰富，分布均匀，成本低廉，足以支撑电化学储能的持续发展。

(2) 研究容易。与锂离子电池工作原理相似，生产设备大多兼容，短期或长期设备和工艺投入少，利于成本控制。

(3) 电池比率性能好。钠离子的溶剂化能比锂离子更低，即具有更好的界面离子扩散能力。

(4) 使用温度宽。根据目前初步的高低温测试结果，钠离子电池高低温性能更优异，在－40℃低温下可以放出70%以上容量，高温80℃可以循环充放使用。

同时，目前的钠离子电池依然存在一些缺点。

(1) 能量密度较低。钠离子电池的能量密度理论上最高只能达到200 W·h/kg，而锂离子电池的理论能量密度能达到350 W·h/kg。

(2) 实际成本较高。由于钠离子电池产业链仍不成熟，其实际生产成本超过了1元/(W·h)。

钠离子电池与其他类型电池的比较详见表9-3。

表 9-3 钠离子电池与锂离子电池、铅酸蓄电池的比较

指标	钠离子电池	锂离子电池	铅酸蓄电池
能量密度/(W·h/kg)	100～150	150～250	30～50
电压/V	2.8～3.5	3.0～4.5	2.1
低温(－20℃)放电效率	90%	60～75%	<60%
安全性	高	低	中
单位能量原料成本/[元/(W·h)]	0.29	0.43	0.40
循环次数	1000～3000＋	3000＋	300～600
适用场景	储能、小动力	储能、动力	小动力

由于能量密度较低，钠离子电池会先在储能设备和两轮电动车等对能量密度要求较低的领域推广应用，与磷酸铁锂离子电池呈替换关系。由于钠离子电池具有低温性能好、环境适应性高等特点，可与三元锂离子电池混合使用。2019年，中科海钠与中国科学院物理研究所联合推出 30 kW/100 kW·h 钠离子电池储能电站，实现了用户侧的示范应用。钠离子电池发展前景如图 9-5 所示。

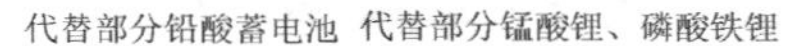

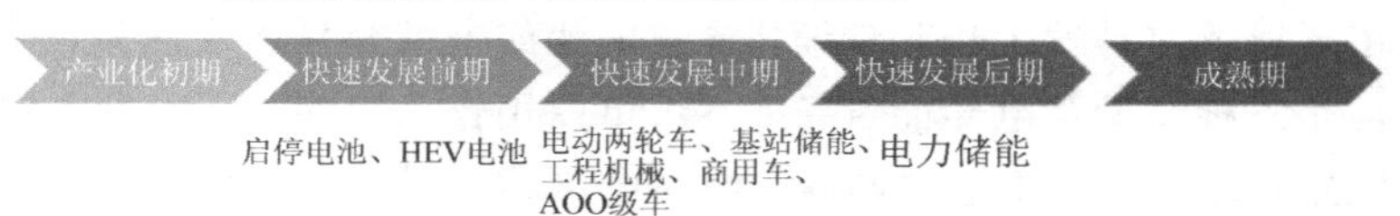

图 9-5 钠离子电池发展前景

9.4 液流电池

液流电池是由 L. H. Thaller 于 1974 年提出的一种电化学储能技术，通过电解液中活性物质在电极上发生电化学氧化还原反应来实现电能和化学能之间的相互转化，是一种新型蓄电池。液流电池由电堆单元、电解液、电解液存储供给单元以及管理控制单元等部分构成，是利用正、负极电解液分开，各自循环的一种高性能蓄电池，具有容量高、使用领域(环境)广、循环使用寿命长的特点，是一种新能源产品。

图 9-6 为液流电池的结构图，电池的正极和负极电解质溶液分别装在两个储罐中，利用送液泵使电解液通过电池循环。在电堆内部，正、负极电解液用离子交换膜或离子隔膜分隔开，电池外接负载和电源。液流电池技术作为一种新型的大规模高效电化学储能技术，通过反应过程中其活性物质价态的变化

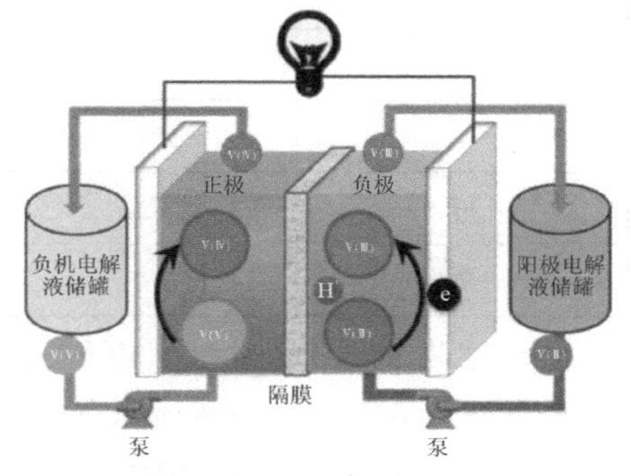

图 9-6 全钒液流电池的结构图

实现电能与化学能的相互转换与能量存储。其中，活性物质储存于电解液中，具有流动性，可以实现电化学反应场所(电极)与储能活性物质在空间上的分离，电池功率与容量设计相对独立，适合大规模蓄电储能的需求。

根据正、负极电解质和电极材料的不同，液流电池可分为：铁铬液流电池、全钒液流电池、锌溴液流电池、全铁液流电池等。铁铬液流电池是最早提出的液流电池，该电池需在较高温度下才能获得好的性能，且电池电堆在高、低温交错环境下容易发生热胀冷缩，导致电池或电堆容易出现漏液问题。全钒液流电池是一种新型蓄电储能设备，不仅可以用作太阳能、风能发电过程配套的储能装置，还可以用于电网调峰，提高电网稳定性，保障电网安全。全钒液流电池技术较为成熟，已经进入了产业化阶段。全钒液流电池使用水溶液作为电解质且充放电过程为均相反应，因此，具有优异的安全性和循环寿命(大于1万次)，在大规模储能领域极具应用优势。全钒液流电池与其他常用储能技术的比较如表9-4所示。

表9-4 全钒液流电池与其他常用储能技术的比较

指标	全钒液流电池	抽水蓄能	锂离子电池
能量效率/%	70～85	70～75	85～98
一致性	好	—	一般
安全性	好	好	一般
热管理	容易	—	困难
大规模储能容量范围	kW～百MW	GW	kW～MW
日历寿命/年	10～20	40	2～5
循环寿命	＞15000	—	2000～5000
能量密度/(W·h/kg)	50	—	130～200
响应时间	秒级	分钟级	秒级
选址灵活性	好	差	好
建设时间	短	长	短

根据正、负极电解质活性物质的形态，液流电池又可分为液-液型液流电池和沉积型液流电池。电池正、负极氧化态及还原态的活性物质均为可溶于水的溶液状态的液流电池为液-液型液流电池，在运行过程中伴有沉积反应发生的液流电池为沉积型液流电池。

与普通的二次电池不同，液流电池的储能活性物质与电极完全分开，功率和容量设计互相独立，易于模块组合和电池结构的放置。同时，电解液储存于储罐中不会发生自放电，电堆只提供电化学反应的场所，自身不发生氧化还原反应。由于液流电池的活性物质溶于电解液，电极枝晶生长刺破隔膜的危险在液流电池中大大降低，流动的电解液可以把电池充放电过程产生的热量带走，避免因电池发热使电池结构损害甚至燃烧。因此，液流电池具有容量高、使用领域广、循环使用寿命长、电解液可循环利用、生命周期性价比高、环境友好等优点，缺点是电池正负极电解液交叉污染、成本较高、能量转化效率不高。

自铁铬液流电池开始，液流电池技术在近半个世纪取得了长足的进步，形成了一系列技术路线。然而，由于各种技术制约因素和外部环境影响，只有少数液流电池技术进入了工程化、商业化的应用阶段，代表体系有全钒、铁铬、锌溴、锌镍、锌铁、锌空、全铁液流电池等。目前液流电池主要应用于可再生能源(如太阳能、风能等)发电、电力系统的削峰填谷和重要机关、部门的备用电站、不间断电源等。日本住友电工于 2016 年在日本北海道建成了 15 MW/60 MW·h 的全钒液流电池储能电站，该储能电站主要在风电并网中应用，并且于 2022 年继续建设了 17 MW/51 MW·h 的全钒液流电池储能电站。融科储能于 2012 年完成了当时全球最大规模的 5 MW/10 MW·h 商业化全钒液流电池储能系统，已经在辽宁法库 50 MW 风电场成功并网并安全可靠稳定运行了近 10 年。国内全钒液流电池发展的整体历程如图 9-7 所示。

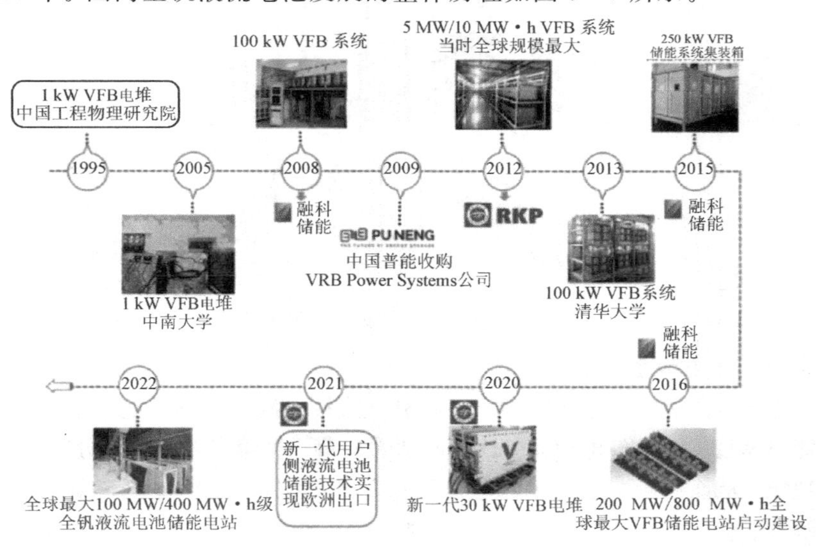

图 9-7　国内全钒液流电池发展历程

9.5 金属空气电池

金属空气电池是以轻质金属作为阳极，以空气中的氧或纯氧作为阴极活性物质的一类绿色能源技术。金属空气电池电解质溶液一般采用碱性电解质水溶液，如果采用电极电位更负的锂、钠、钙等作负极，只能采用非水的有机电解质或无机电解质。

图 9－8 为铝金属空气电池结构示意图，以铝金属为阳极，以碱性或中性盐等水相或有机相为电解液，以空气扩散电极为阴极，包括催化剂层、扩散层和集流网等部分。空气中的氧气进入扩散层后在活性层被还原，而电子则通过集流网导出。扩散层是由炭黑和高分子材料组成的透气疏水薄膜，既能保证气体扩散效果，又能防止电解质溶液泄漏。活性层则由炭黑、高分子材料及催化剂组成，其中催化剂具有还原氧气的性能。

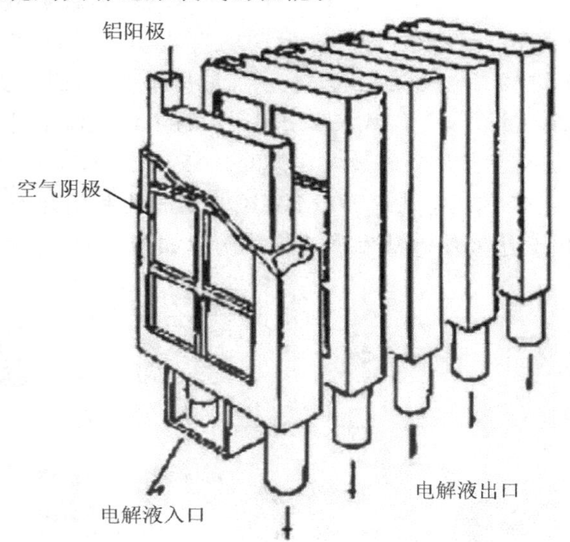

图 9－8　铝金属空气电池结构示意图

金属空气电池系列中研究较多的有锂空气电池、镁空气电池、铝空气电池、锌空气电池。金属空气电池正极反应物氧气直接来源于周围环境并且具有很高的理论能量密度。锂空气电池中，锂金属活性较高，极容易被电解质溶液腐蚀引起放电现象，从而影响电池的正常运行及寿命，目前锂空气电池电解质溶液分为有机电解液、有机-水电解液及固态电解质。研究表明，锂空气电池放电电压小于充电电压，致使充放电效率较低，因此要选用合适的阴极催化剂，减少充放电电压的差距，提高能量的使用效率。镁空气电池具有比能量高、原料来源广泛、成本低的特点。相较锂空气电池，镁空气电池主要以水相电解液为主，但镁金属活性较高，在碱性或中性溶液中容易被腐蚀，引起放电现象。另外腐蚀产物附着在阳极表面影响电池阳极反应的进一步进行，通常采用合金化法提高镁阳极的抗腐蚀性能。铝空气电池主要是以铝作为阳极，金属铝储存丰富、成本较低，是金属空气电池的首选材料，但金属铝容易发生氧化，在表面形成一层致密的氧化膜，使电极电位提高，而氧化层一旦破坏，由于氧化膜与金属铝存在电位差异，又会加速金属铝的腐蚀，最终影响铝空气电池的寿命，甚至使电池失效。锌空气电池在金属空气电池系列中是研究最多且已广泛应用的一种电池，近 20 年来，围绕二次锌空气电池，科学家做了大量研究。金属锌电位和能量密度要低于锂、镁、铝等金属，但是其在水相电解液中更安全，成本更低，经济性能更好，具有更长的搁置寿命，并且绿色环保，因此受到广泛关注。

除上述金属空气电池外，还有钠空气电池、铁空气电池等。钠空气电池起步较晚，具有较高的反应可逆性。铁空气电池主要采用金属铁作为阳极，空气电极作为负极，以碱性或者中性盐溶液作为电解质，采用活性铁粉的形式制成袋式电极作为阳极。各种金属空气电池的理论能量密度如图 9－9 所示，可以看出锂空气电池与铝空气电池有明显的能量密度优势。

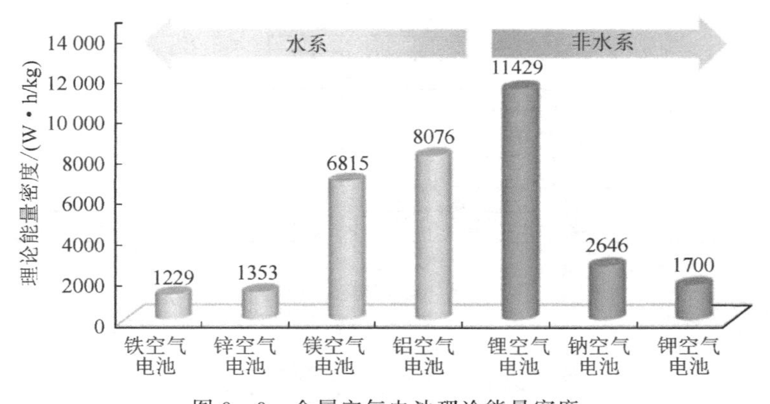

图 9－9　金属空气电池理论能量密度

金属空气电池是以轻质活性金属作为阳极材料，具有能量密度高、放电平稳的优点。另外，金属空气电池的产物主要是金属氧化物，对环境无任何污染，是兼具能量和环保的先进储能与转化装置。但由于金属空气电池一般采用活性较高的金属作为阳极，这些金属的共同特点是化学性质活泼，在酸性或碱性甚至中性盐溶液中极易被腐蚀，产生放电现象，大大降低金属空气电池的容量。同时电池不能密封，易造成电解液干涸及上涨，影响电池的容量和寿命，如果采用碱性电解液还容易发生碳酸盐化，增加电池的内阻，影响放电。金属空气电池的优缺点如表 9-5 所示。

表 9-5 金属空气电池的优缺点

优 点	缺 点
高能量密度，可长期储存，无毒，低成本	功率密度差，运行温度范围有限

根据放电率的不同，金属空气电池可以应用于不同的场合。中、小电流密度下工作的金属空气电池可用作铁路信号、无线电通信、航标灯、鱼雷、导弹等的电源。大电流密度工作的金属空气电池可用作车辆动力源。2021 年，全球金属空气电池市场价值约为 4.66 亿美元，主要用于提供储能解决方案。据 Market Research 估计，到 2028 年，该市场价值将达到 11.73 亿美元，2021—2028 年预测期内的复合增长率为 13.2%。

9.6 超级电容器

超级电容器主要由电极材料、集流体、电解质以及隔膜组成。根据其储存电荷机理的不同，可分为双电层电容器(Eletric Double Layer Capacitor, EDLC)、法拉第赝电容器和混合型超级电容器三种类型，如图 9-10 所示。

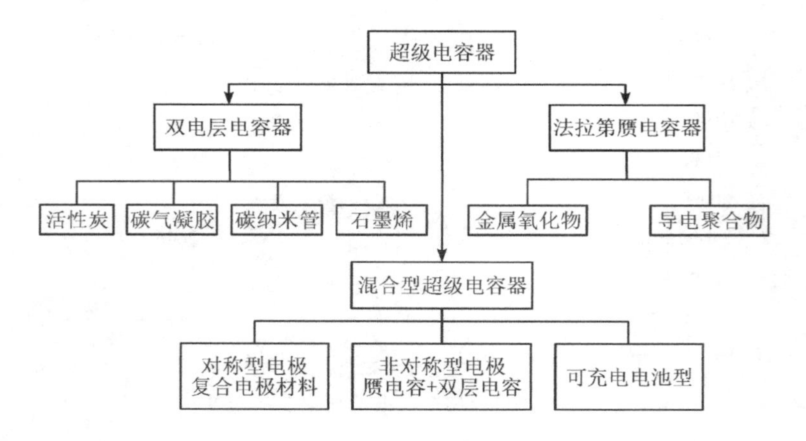

图 9-10 超级电容器分类

双电层电容器的储能是由电极与电解质界面上静电电荷的离子分离/积累而形成的，其重要特征就是没有发生电荷转移，如图 9-11 所示。充电时，在外加电压的作用下，EDLC 的两电极分别带正电荷和负电荷。由于静电的作用，电解液中的阳离子和阴离子分别向负极和正极移动并吸附于材料表面。这就形成了一个双电层，使得电荷能够被存储。放电时，吸附在电极表面的阴离子返回到电解液中，电极内的电荷通过外部电路释放，形成电流，完成放电。由于两个电层之间的间距很小(小于 5 nm)，以及特殊的电极构造，使得电极的比表面积大大增加，因此，双电层电容器具有较高的电容量。

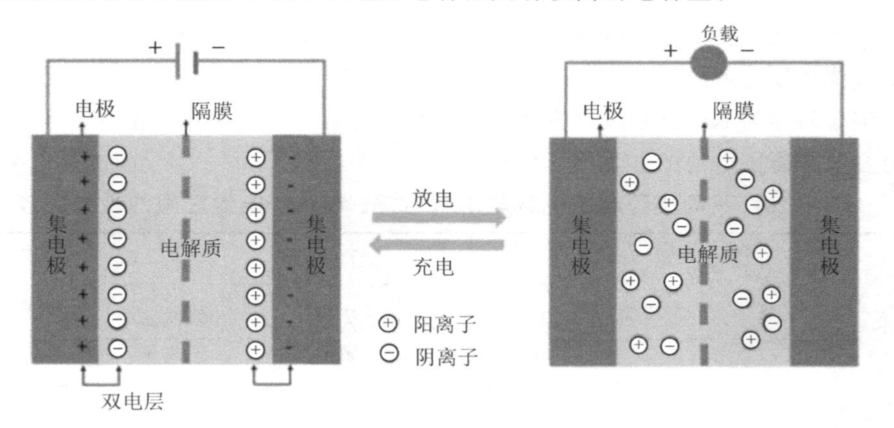

图 9－11　双电层电容器结构示意图

法拉第赝电容器的储能过程主要包括电极表面发生的快速电子吸/脱附的过程以及可逆的氧化还原反应，氧化还原反应主要发生在电极表面以及内部，如图 9－12 所示，因此，法拉第赝电容器具有高的电荷储存能力。相比于双电层电容器，法拉第赝电容器能够具有更高的比电容。人们大量研究的赝电容材料包括导电聚合物(CP)、聚苯胺(PANI)、聚吡咯(PPY)和聚噻吩(PTH)以及相应的衍生物和过渡金属氧化物(如 MnO_2、Co_3O_4、NiO 等)。

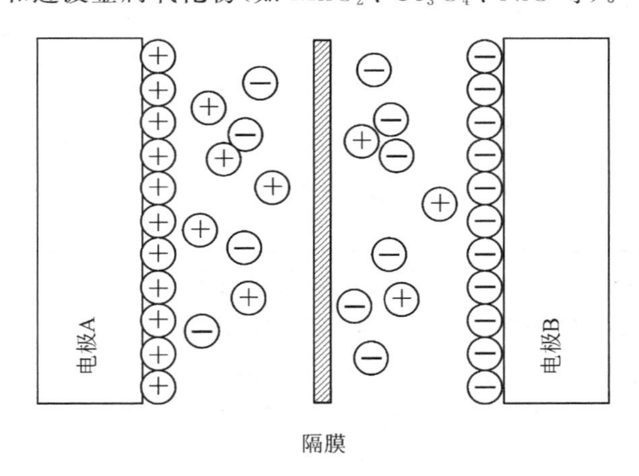

图 9－12　法拉第赝电容器示意图

混合型超级电容器介于法拉第赝电容器与双电层电容器之间，具有双电层电容器和锂离子电池的双重特征。其中一个电极采用电极活性炭电极，而另一电极采用赝电容电极材料或电池电极材料，提高了电容器的工作电压，以提升电容器的能量密度。混合型超级电容器的充放电速度、功率密度、内阻、循环寿命等性能主要由电池电极决定，同时充放电过程中，混合型超级电容器的电解液体积和电解质浓度会发生变化。近年来，锂离子嵌入化合物以及锂离子电池碳材料作为混合型超级电容器的正极材料得到了广泛关注。超级电容与电解电容及锂离子电池的参数比较详见表 9-6。

表 9-6 不同类型超级电容与电解电容、锂离子电池之间的性能比较

参数	铝电解电容	超级电容			锂离子电池
		双电层电容	法拉第赝电容	混合电容（锂离子）	
温度范围/℃	−40 ～ +125	−40 ～ +70	−20 ～ +70	−20 ～+70	−20 ～ +60
电压范围/V	4 ～ 630	1.2 ～ 3.3	2.2 ～ 3.3	2.2 ～ 3.8	2.5 ～ 4.2
充放电次数/1000 次	无限次	100～1000	100～1000	20～100	0.5～10
容值 /F	≤2.7	0.1～470	100～12000	300～3300	—
比能量/(W·h/kg)	0.01～0.3	1.5～3.9	4～9	10～15	100～265
比功率/(kW/kg)	>100	2～10	3～10	3～14	0.3～1.5
自放电	短(天)	中等(周)	中等(周)	长(月)	长(月)
效率	99%	95%	95%	90%	85%～90%
室温条件下的工作寿命/年	> 20	5～10	5～10	5～10	3～5

超级电容器的发展史就是电荷存储机制的发现历程。1745 年，德国牧师 E. G. Von Kleist 发明了第一种名为“莱顿瓶”的电容器，确立了双电层的最初概念，因此，电容器的发明比电池早了 100 多年。1978 年，一家日本电器公司采用了标准石油公司的技术，并首次将这种电化学容器商业化，将其命名为超级电容器。2000 年后，随着纳米技术的发展，人们在微观尺度可以对材料进行以前难以想象的改进和表征，超级电容器的性能也迎来了飞速的发展。得益于

超级电容独特的储能特性，对比二次电池和电容，超级电容表现出了以下与众不同的储能优势。

（1）由于超级电容属于静电荷调节元件，其功率密度不受动力学条件的限制，因此它的功率密度远远大于大部分电化学电池。双电层超级电容的功率密度最高可达 40 kW/kg，而锂离子电池在 1～3 kW/kg。

（2）超级电容的循环寿命高达数百万次，而普通二次电池仅有数千次。

（3）超级电容的工作温度可达−40～70℃，较电池有明显优势。

（4）超级电容的储能为物理过程，电极材料多采用碳材料，因此具有较高的安全性和环保属性。

同时，现阶段的超级电容相关技术存在一定的不足。

（1）能量密度低：超级电容的能量密度很低，只有蓄电池的十分之一。

（2）成本问题：超级电容器的工艺复杂性使得其造价比较昂贵。

（3）易造成电压失衡：超级电容器单体电压小，使用时需要经过串并联组合使用，但单体参数不一致容易造成电压失衡，影响使用寿命。

作为功率型储能器件，超级电容凭借其出色的储能特性已经在电力交通、可再生能源发电系统和国防军工等领域得到了较多应用。在新能源电动汽车中，超级电容可以作为启动时的大功率输出电源，同时还能在车辆刹车时用于制动能量的回收，与其他储能设备如锂离子电池等相辅相成；在风力发电或光储充系统中，作为储能装置的超级电容，可以快速响应风力变桨或光储充过程中的功率变化，并且能够较好地适应风能和太阳能资源丰富的沙漠或草原地区温差较大的恶劣气候；在国防军事领域中，超级电容可以应用于无线卫星通信等需要大脉冲功率的设备中，同时也可作为大型设备低温冷启动时的电源装置。

9.7 固态锂离子电池

固态锂离子电池是指采用固态电解质的锂离子电池，其工作原理与传统锂离子电池并无区别，充电时正极中的锂离子从活性物质的晶格中脱嵌，通过固体电解质向负极迁移，电子通过外电路向负极迁移，两者在负极处复合成锂原子、合金化或嵌入到负极材料中。放电过程与充电过程恰好相反。固态锂离子电池中锂离子迁移的场所从液体转到了固态电解质中，有助于实现大容量、高功率的电池。随着正极材料的持续升级，固态电解质有利于提升电池系统的能量密度。另外，固态电解质的绝缘性使得其能良好地将电池正极与负极阻隔，避免正、负极接触产生短路的同时又充当隔膜的功能。固态锂离子电池的结构如图 9-13 所示。

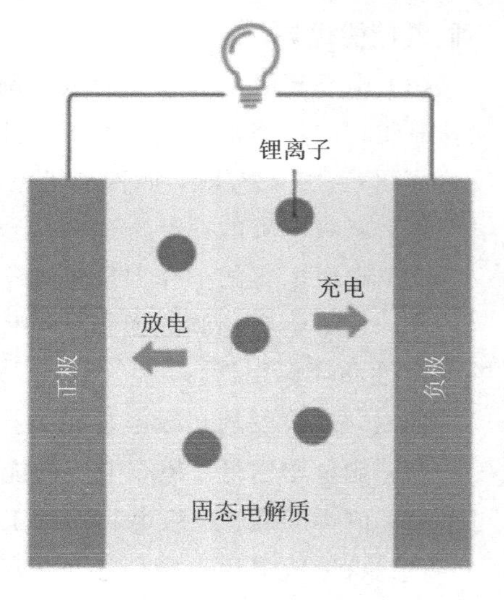

图 9-13　固态锂离子电池的结构示意图

按照电解质材料的选择，固态电池可以分为聚合物、氧化物、硫化物三种体系的电解质。其中，聚合物电解质属于有机电解质，氧化物与硫化物属于无机电解质。聚合物电解质常用的聚合物基体包括聚氧化乙烯（PEO）、聚丙烯腈（PAN）、聚甲基丙烯酸甲酯（PMMA）、聚偏氟乙烯（PVDF）等。无机固体电解质材料具有机械强度高，不含易燃、易挥发成分，不存在漏液，抗温度性能好等特点；同时，无机材料处理容易实现大规模制备以满足大尺寸电池的需要，可以制备成薄膜，易于将锂离子电池小型化，而且由无机材料组装的薄膜无机固体电解质锂离子电池具有超长的储存寿命和循环性能，是各类微型电子产品电源的最佳选择。聚合物全固态锂离子电池的优点是安全性高，能够制备成各种形状。但将该类电池作为大容量化学电源进入储能领域仍有一段距离，主要存在的问题包括电解质和电极的界面不稳定、高分子固体电解质容易结晶、适用温度范围窄以及力学性能差。

固态锂离子电池的理论研究可以追溯到 1972 年在 Belgirate（意大利城市）召开的“固体中的快速离子输运”会议上，C. H. Steele 讨论了合适的固态电解质的基本标准，并指出了过渡金属二硫化物作为电池正极材料的潜力。同年，M. Armand 将 Li/TiS_2 应用于以固态 β-氧化铝为电解质的三元石墨正极中的 Na^+ 扩散，这是关于固态电池的第一份报道。1979 年，M. Armand 报道了聚氧化乙烯（PEO）的碱金属盐在 40～60℃时的离子导电率为 10^{-5} S/m，具有较好的成膜性能，可用作固态锂离子电池的电解质。2011 年，N. Kamaya 提出了固体电解质 $Li_{1.5}Al_{0.5}Ge_{1.5}(PO_4)_3$（LAGP），能够在室温条件下实现超过对应液体电解质的离子电导率，这个里程碑意义的成果促进了现代固态电池的研究。

相比于传统液态锂离子电池，固态锂离子电池具有如下优势。

（1）高能量密度。固态电池的能量密度可以达到当前锂离子电池的 2～3 倍以上，理论能量密度可达 500～1000 W·h/kg。

（2）长使用寿命。固态电解质能够抑制锂枝晶，理论上能够提升电池寿命至数万次循环。

（3）高安全性。固态电解质能够在更宽的温度范围内保持稳定，特别是高温环境下，固态电解质不挥发，一般不可燃。

但固态锂离子电池仍然存在界面阻抗较大的问题，制约了锂离子在全电池中的有效传输。

目前全固态锂离子电池商业化仍然需要时间，未来全固态锂离子电池有望在电动汽车、规模储能、无人机、航空航天等领域发挥重要作用。当前性能最好的无机全固态锂离子电池已经有了 10～15 A·h 级原型电池展示，但循环次数仅为 500 次，距离实际应用推广仍然有一定距离。各企业均已开始布局固态锂离子电池的研究，2018 年 8 月，大众宣布将在欧洲建厂以生产固态电池，并计划于 2025 年前实现量产。2018 年 6 月，松下、丰田、本田、日产等 23 家汽车、电池和材料企业，以及京都大学、日本理化学研究所等 15 家学术机构宣布，将在未来 5 年内联合研发下一代汽车电动车固态锂离子电池，力争尽快应用于新能源汽车产业，计划到 2030 年前后将固态电池组每千瓦时的成本降至锂离子电池的 30%。宁德时代于 2016 年正式宣布在硫化物固态电池上的研发路径。目前容量为 325 mA·h 的聚合物锂金属固态电池能量密度达 300 W·h/kg，可实现 300 周循环且容量保持率为 82%。全固态电池还在开发中，预计 2030 年后实现商品化。各国政府也确定了固态电池发展目标和产业技术规模，明确于 2020—2025 年着力提升电池能量密度并向固态电池转变，于 2030 年研发出可商业化使用的全固态电池。全固态电池技术的发展路径如图 9-14 所示，随着技术的不断进步，将逐步由半固态到准固态，直至全固态，能量密度也会相应提高。

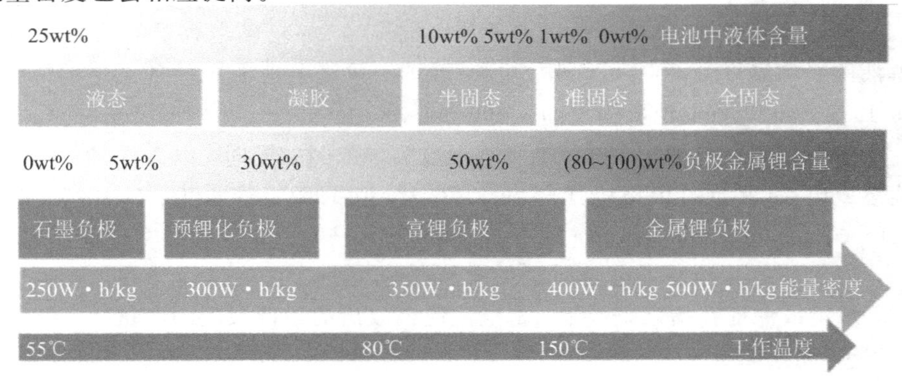

图 9-14　全固态电池技术的发展路径

附录　某型装备铅酸蓄电池技术手册(节选)

一、使用条件对蓄电池容量的影响

(一) 容量

蓄电池的容量是指在给定的工作条件下，即在给定的温度、电流强度和终止电压下，蓄电池放出的电量。

实际容量的计算方法如下：

$$C = I_{f} \times t_{f}$$

式中：C——蓄电池容量(A·h)；

I_{f}——放电电流(A)；

t_{f}——放电时间(小时)。

由于蓄电池的容量与放电电流强度及电解液的温度有关，因此蓄电池出厂时规定的容量是在一定的放电电流强度、一定的电解液温度和一定的终止电压下取得的。蓄电池出厂时，一般要进行两种容量检查。

1. 额定容量

额定容量是以20小时放电率的放电电流(0.05倍额定容量的数值)，在电解液的平均温度为30℃，连续放电20小时，单格电池电压降到规定的终止电压1.75 V时，蓄电池所输出的电量。

例如该型蓄电池，在电解液平均温度为(30±20)℃时，以9 A的放电电流连续放电20小时，单格电压降到1.75 V，它的额定容量为：$C_{20} = 9 \times 20 = 180$ A·h。

额定容量是检验蓄电池质量的重要指标之一。它是在设计和生产蓄电池时，规定或保证在指定条件下，蓄电池应该放出的最低限度的电量。

2. 起动容量

启动容量表征蓄电池在发动机启动时的供电能力，有两种规定。

(1) 在电解液平均温度为30℃时，以5.5分钟放电率的放电电流(相当于3倍额定容量的数值)，连续放电至单格电池电压下降为1.4 V时所输出的电量。

例如该型蓄电池，电解液平均温度为30℃，5.5分钟放电率的放电电流为540 A，连续放电至单格电池电压下降为1.4 V，其起动容量是540×(5.5/60) A·h。

(2) 在电解液平均温度为−40℃时，以上述的电流(相当于3倍额定容量的数值)放电至单格电池电压降为1 V所输出的电量。蓄电池的起动容量是表征正常温度(30℃)和低温(−40℃)情况下，发动机起动时蓄电池供电给起动电动机的能力。

该型装备铅酸蓄电池的容量与放电率的关系见附表1。

附表1　某型装备铅酸蓄电池的容量与放电率

额定电压/V	20小时放电率(30℃)			10小时放电率(30℃)			常温起动(30℃)			低温起动(−40±2)℃		
	额定容量/A·h	放电电流/A	终止电压/V	额定容量/A·h	放电电流/A	终止电压/V	放电电流/A	持续时间/min	终止电压/V	放电电流/A	持续时间/min	终止电压/V
12	180	9	10.5	162	16.2	10.2	540	5.5	8.4	540	1.5	6.0

(二) 使用条件对蓄电池容量的影响

蓄电池的容量并不是一个固定不变的常数，除与极板表面能进行电化作用的作用物质的多少有关外，还与使用条件即放电电流、温度、电解液比重等有关。下面讨论蓄电池在使用过程中，影响其容量的因素。

1. 放电电流强度对蓄电池容量的影响

随着放电电流的加大，蓄电池的容量和端电压将随之减小。因为在放电时，正、负极板的作用物质 PbO_2、Pb 要转变为硫酸铅 $PbSO_4$。硫酸铅的体积较作用物质的体积大(比海绵状的铅大2.68倍，比二氧化铅大1.86倍)，所以随着硫酸铅的形成，极板孔隙逐渐缩小，使孔隙外的硫酸渗入困难。当放电电流增大时，化学反应速度加快，硫酸铅阻塞孔隙的速度也快，致使孔隙中的硫酸消耗过大，比重下降，故电动势与端电压降低。

由于孔隙中电解液比重的迅速下降，硫酸不足，使极板内部的大量作用物质不能参加化学反应(附图1)，造成蓄电池实际输出容量减小。

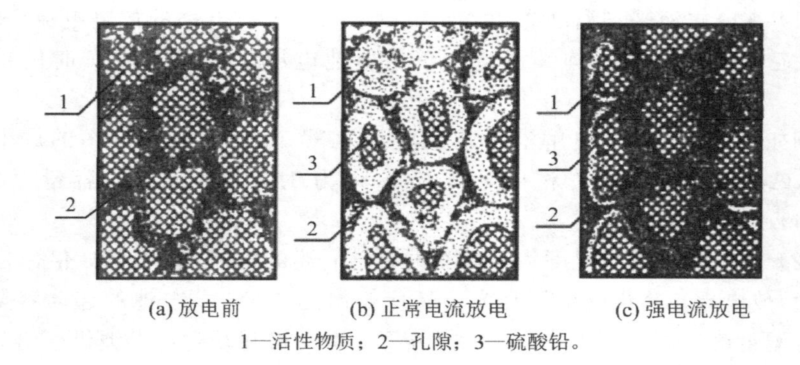

1—活性物质；2—孔隙；3—硫酸铅。

附图 1 正常电流放电和强电流放电时极板活性物质的利用情况

由于放电电流对容量有很大影响，因此在谈到蓄电池容量时，必须指明其放电电流强度，一般以放电率来表示

$$h=\frac{C_{20}}{I_{\mathrm{f}}} \tag{①}$$

式中：h——放电率(小时)；

C_{20}——额定容量(A·h)；

I_{f}——放电电流(A)。

由式①可知，放电率是以放电时间来表示蓄电池的放电速率，或者说是以一定的放电电流放完电所需的时间。

附图 2 给出了常温下(30℃)该蓄电池以两种不同放电率放电时的特性。由图可以看出，10 小时放电率的电压曲线平坦时间很长，而 5.5 分钟放电率的电压曲线没有平坦阶段，在很短的时间里端电压就下降到终止电压。

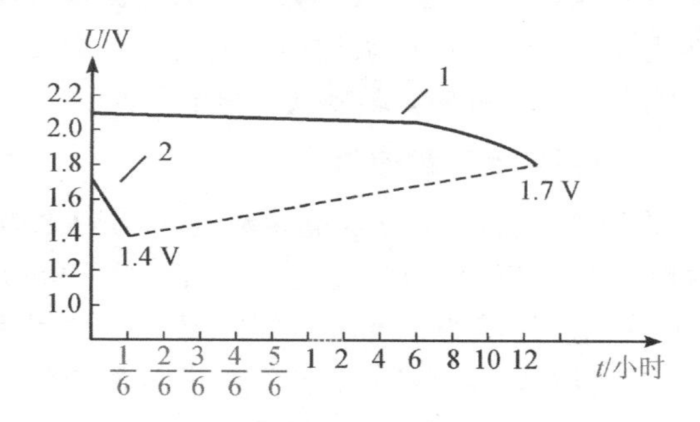

曲线 1—10 小时放电率，放电电流 $I_{xf}=16.2$ A；

曲线 2—5.5 分钟放电率，放电电流 $I_{xf}=540$ A。

附图 2 该型蓄电池不同放电率的放电特性曲线

由此可见，如果连续长时间接通起动电动机，就会使蓄电池的端电压急速降至终止电压，输出容量迅速减小，且使蓄电池过早损坏。因此在使用中接通起动电动机的时间不允许超过 5 秒，两次连续起动时间要间隔 10～15 秒，使电解液充分渗入极板内层，以提高蓄电池的容量和使用寿命。

2．放电方式对蓄电池容量的影响

蓄电池断续放电，能获得较大容量。因为在放电中断时，电解液可以更好地渗入极板孔隙，化学反应容易渗入极板内部，提高作用物质的利用率，因而能获得较大容量。如果蓄电池连续放电，作用物质的利用率较断续放电时低，因此容量也较小。

3．电解液的温度对蓄电池容量的影响

由于电解液温度对容量有影响，所以工厂规定的蓄电池额定容量是在 30℃时的容量。电解液温度对容量的影响见附图 3。

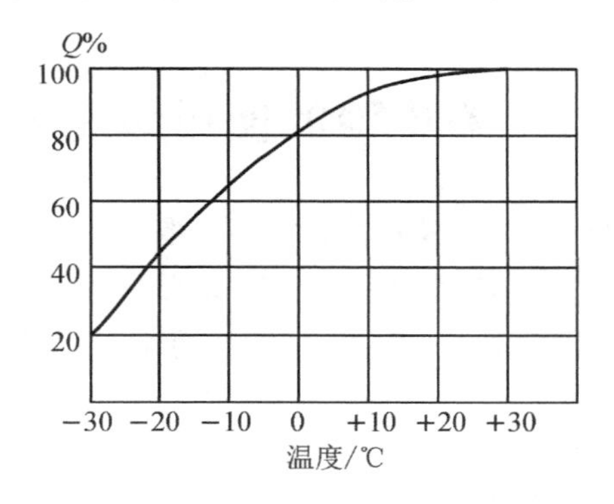

附图 3　电解液温度对容量的影响

当电解液温度升高时，容量增大；温度降低时，容量减小。试验证明，电解液温度每降低 1℃，缓慢放电时，容量约减小 1％(迅速放电时减少 2％)。这是因为：

(1) 电解液黏度随温度降低而增大，例如：含有 3％硫酸的电解液，温度为 30℃时，其黏度为 1.596 厘泊，当温度为－10℃时，其黏度则为 4.95 厘泊。由于温度降低黏度增加很快，因而电解液难以渗入极板内部，这样，极板内部作用物质的电化学反应就难以进行。

(2) 电解液电阻随温度降低而增大，所以在低温情况下，蓄电池内部电压降增加，使得蓄电池放电时的端电压下降到终止电压较早。

上述两个原因，都使极板上的作用物质利用率降低，因而蓄电池容量减小。

4. 电解液比重对蓄电池容量的影响

实际使用蓄电池时，电解液比重在1.24～1.30。在此范围内若增大比重时，由于硫酸向极板孔隙内渗透作用增强，可以提高蓄电池的电动势，因而可以提高蓄电池的容量。但电解液比重过大将使黏度增大，渗透速度反而降低，内阻增大，容量减小，而且容易使极板硫化，缩短蓄电池使用寿命。所以，应根据所在地区的气候条件选择适当的电解液比重。

综上所述，蓄电池的实际容量取决于作用物质的数量和利用率。“利用率”是指作用物质已反应部分占全部之百分比。由于作用物质不能百分之百地被利用，也就是说利用率总是小于1。因此，在作用物质数量确定之后，影响容量的因素就是利用率，所以提高作用物质的利用率是提高蓄电池容量的重要途径。我们在实际工作中，必须按规定正确地使用蓄电池，使其作用物质最大限度地被利用，以提高其容量。

二、蓄电池的使用与安装

铅酸蓄电池的电气性能和使用寿命，不但取决于其本身的结构和质量，而且还和使用条件、维护好坏有很大关系，因此必须按照一定的要求和规定，在工作中对铅酸蓄电池进行正确的使用和认真的维护，以减少蓄电池故障的产生，延长其使用寿命。

(一) 蓄电池的使用要求

根据蓄电池本身的结构特点、故障原因和部队长期实践总结的经验，使用中应注意“三勤”和“四防”。

三勤：

(1) 勤充电。

① 放完电的蓄电池应在24小时内送到充电间充电。

② 没有使用过的蓄电池必须每月进行一次补充充电。

③ 装在坦克上使用的蓄电池必须每月充电一次，因为坦克上虽然有发电机向蓄电池充电，但往往充电不足，所以必须定期补充充电。

④ 经常使用的蓄电池每六个月，带电解液存放的蓄电池每三个月应进行一次10小时率容量检查放电(充足电后进行)，以消除极板的轻微硫化，恢复蓄电池的性能。

(2) 勤检查。

① 经常检查蓄电池的放电程度。冬季不许超过额定容量的25%，夏季不许超过额定容量的50%。

② 经常检查蓄电池在车上安装是否牢靠，导线接头与极柱接线柱的连接是否紧固。

③ 出车前和行驶中，均应检查蓄电池的充电情况，以防不充电或长时间充电电流过大。

④ 经常检查电解液液面高度。电解液液面应高出保护网15～20毫米，检查时，应用玻璃管检查，不得用金属管。如果液面低于标准时，应加添蒸馏水，当确知电解液液面是因溢出而低于标准时，则应加添比重相同的电解液。

(3) 勤保养。

① 送充电间充电前，应将蓄电池表面擦拭干净。

② 车场日或平时拆下蓄电池发现电解液泼出时，需用蘸有碱水或10%浓度的氨水的布擦拭表面，而后用净布擦干。如因容器破裂而溢漏电解液，应及时送修。

③ 经常疏通通气孔。

四防：

(1) 防震。拆装、运送时应轻抬轻放；在坦克上应确定固定牢靠。

(2) 防长时间强电流放电。安装和拆卸时严防短路；按起动按钮起动发动机时，每次不超过5秒，如发动机仍未发动，应停歇15秒以上再进行起动；连续三次起动不了发动机，应查明原因，排除故障后再起动发动机；在冬季禁止起动未加温好的发动机。

(3) 防冻。蓄电池在冬季使用时应注意保温，严禁过度放电，以防电解液结冰，在寒区野外使用蓄电池时尤其要注意；当气温在－10℃以下时，应送保温间，保温间温度应保持在5～30℃。

(4) 防杂质。防止金属等杂物落入蓄电池内部；增加液面高度时应加添纯净的蒸馏水。

另外，装备蓄电池在部队使用中应当遵守相关规定要求。

(1) 使用蓄电池起动时严禁连续起动，每次起动不准超过10秒，间隔不得小于1分钟。

(2) 禁止使用蓄电池(不启动主发电机或辅助发电机)为随动系统和供输弹系统等大功率用电设备供电。

(3) 禁止使用蓄电池(不启动主发电机或辅助发电机)为各系统长时间供电。

(4) 使用完毕应及时切断总电源。封存和长时间不使用装备时，应将蓄电池卸下，送充电间进行充电保养。

(5) 安装和拆卸蓄电池时，应防止正、负极短接和反接。

(6) 防止蓄电池过充电、过放电和充电不及时。

(二) 蓄电池在坦克上的连接、安装和拆卸

1. 蓄电池在坦克上的连接

坦克上的四块蓄电池采用串并联的方法连接(附图 4)，其目的是使电压和容量都比单块蓄电池增大一倍。方法是先将四块蓄电池分为两组，每组的两块电池并联，即正极与正极连接，负极与负极连接。再将两组蓄电池串联，即将一组蓄电池的正极与另一组蓄电池的负极连接。然后将一组蓄电池的负极作为四块蓄电池的共同负极，另一组蓄电池的正极作为四块蓄电池的共同正极。

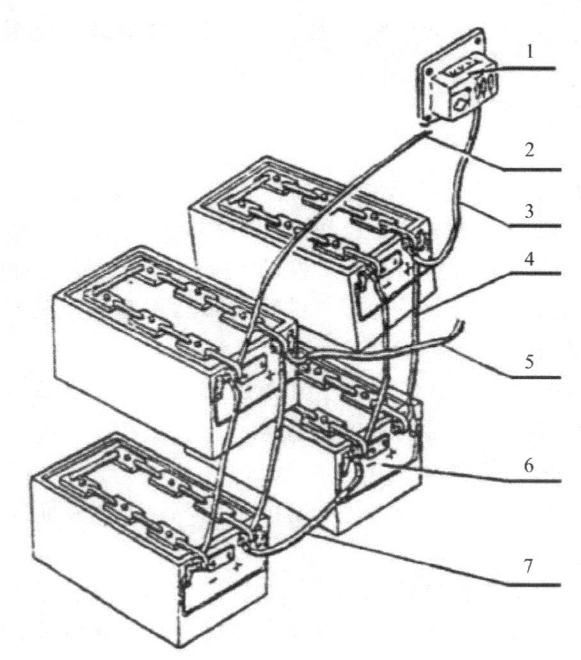

1—启动控制盒；2—负极电线；3—24 V正极线；4—并联电线；
5—12 V正极线；6—蓄电池；7—串联电线。

附图 4　蓄电池的连接

每块蓄电池的电压为 12 V，容量为 180 A·h，四块蓄电池串并联后，电压为 24 V，总容量为 360 A·h。

蓄电池与耗电装置之间是单线制连接，因此，蓄电池组的负极电线经直流接触器的常开触点与车体相连。直流接触器装在起动控制盒内。由驾驶室配电板上的电路总开关控制。蓄电池的正极电线直接接在主配电板的接线柱上。

2. 蓄电池在坦克上的安装和拆卸

蓄电池在坦克上安装之前，首先套上蓄电池框架，并在蓄电池前后端和框架之间的间隙内装上木质衬板和支撑垫块，用固定螺栓将蓄电池卡紧在框架内。然后将装好框架的蓄电池安装到车体前部驾驶员右边的蓄电池柜内。在安装蓄电池前，必须切断电路总开关。

蓄电池在坦克上的安装顺序如下。

(1) 经驾驶窗将蓄电池搬入车内，并放入蓄电池柜中。安上蓄电池固定板，并用止推螺栓将蓄电池固定住。

(2) 将四根并联线分别接在上、下两个蓄电池的正、负接线柱上(连接前必须用绝缘胶管或擦车布将导线自由端包好，以免短路)。

(3) 将两组蓄电池的串联线、蓄电池到直流接触器的负极线、蓄电池的正极线、以及起动控制盒到蓄电池的 12 V 正极线、24 V 正极线上的连线全部连接好(附图 4)。

(4) 将蓄电池接线柱护罩装好，并固定。

拆卸蓄电池的顺序与安装时相反。

3. 安装时的注意事项

(1) 连接导线前，必须用绝缘胶管或擦车布将导线自由端包好，以免短路。

(2) 连接导线时，一定要在极柱接线柱和螺帽之间装上平垫圈，螺帽要确定拧紧，但不要用力过大，以免损坏接线柱。

(3) 必要时，应在接线柱和裸露的线头部分薄薄地涂上一层工业凡士林或钙基润滑脂。

三、蓄电池放电程度的判定

蓄电池在放电过程中，电解液的比重、电动势会逐渐按比例下降，因而根据它们降低的程度，便可判定蓄电池的放电程度。

在使用中，通常利用坦克上的电流电压表，以及充电电流和起动时的端电压的数值，概略地判定蓄电池的放电程度；也可以利用比重计测定电解液的比重，以便较为准确地判定蓄电池的放电程度；还可用负荷电压差粗略判定单格电池的放电程度和工作状况。

（一）观察充电电流判定放电程度

起动发动机，把发动机转速升高到充电转速以上，发动机即向蓄电池充电，观察充电电流时，应切断坦克上所有用电装置的电路。

充电电流的大小，是由发电机的端电压 U_{f}、蓄电池电动势 E_x 和内阻 r_x 决定的，即

$$I_{\mathrm{c}}=\frac{U_{\mathrm{f}}-E_x}{r_x}$$

具有电压调节器的坦克发电机的端电压(即调整电压)是不变的，因此充电电流仅取决于蓄电池的电动势 E_x 和内阻 r_x。随着放电程度的增加，蓄电池电动势减小，而内阻增大。它们对充电电流大小的影响是相互矛盾的。蓄电池内阻很小，放电后变化也不大，只要电动势稍有变化，便会引起充电电流很大的变化，所以电动势是决定充电电流大小的取得支配地位的主要矛盾方面。蓄电池放电愈多，电动势愈低，充电电流也就愈大。我们根据充电电流大小能够概略地判定蓄电池放电程度的道理就在这里。

如果发动机刚发动后立即观察充电电流，有时充电电流可达 110 A，这是由于起动时蓄电池以强电流放电，极板孔隙内的电解液比重降低很多，电动势很低，所以开始充电瞬间的充电电流很大，我们不能以此作为判定蓄电池放电程度的依据。因此，必须以充电 5～10 分钟后的充电电流来判定蓄电池放电程度。

若充电电流小于 20 A，一般说明蓄电池在充足电状态；若充电电流为 60～80 A，一般已放电 25%；若充电电流为 100～120 A，一般已放电 50%。但是，必须注意以上仅是参考数据，因为调压断电器的调整电压允许在 27～29 V，各车的调整电压不一定完全一致，而且充电电路中导线连接处的接触电阻也大小不等，所以在判定放电程度时，要根据本车的具体情况，反复实践，摸索出充电电流与放电程度的关系，不要生搬硬套上面的参考数据。例如，每

次拆卸蓄电池送充电间充电前，检查在车上充电时的充电电流是多少，送充电间后用比重计测量电解液比重，判定其放电程度，经过这样多次实践，找出放电程度与本车充电时充电电流的关系。

(二) 观察起动时的端电压判定放电程度

这种方法只能在外界气温高于+10℃时采用。

方法是接通电路总开关，切断各耗电装置开关，将变速杆放在空挡并踏下主离合器踏板，在按下起动按钮(不给油)的同时按下电压表按钮。此时电压表指示数值不应低于17 V，否则说明放电超过允许限度，应拆下蓄电池送充电间充电。

(三) 用比重计判定放电程度

电解液比重随着蓄电池放电程度的增加而按比例降低，所以测量电解液比重就可以较准确地判定放电程度。比重的测量见附图5所示。

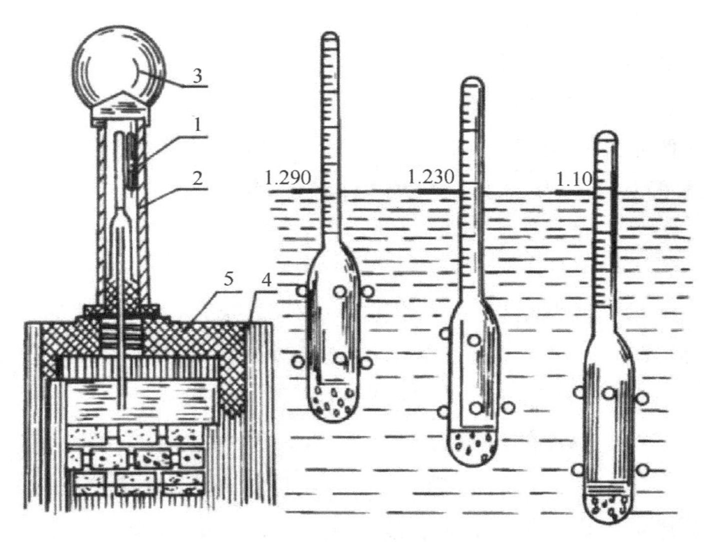

1—浮子；2—玻璃管；3—橡皮球；4—蓄电池容器；5—吸管。

附图5　用比重计测量电解液比重

判定前，应了解蓄电池在完全充电状态时的比重，然后再测量比重。试验证明，蓄电池在放电过程中，电解液比重每降低0.01，相当于蓄电池放电6%。根据这一数据，便可得出计算蓄电池放电程度的公式

$$K\%=\frac{d_c-d}{0.01}\times 6\% \quad ②$$

式中：$K\%$——蓄电池放电百分数，称为放电程度；

d_c——蓄电池完全充足电时的电解液比重；

d——判定放电程度时实际测得的电解液比重。

因为电解液比重是随温度变化而变化的，当温度升高时，由于电解液体积增大，比重会减小；温度降低时，电解液体积减小，比重增大。试验得知，当温度每上升1℃，电解液的比重会减小0.0007；而温度每下降1℃，电解液的比重会增加0.0007。因此，目前一般规定30℃为电解液比重的标准温度。式②只适用于电解液温度在30℃时的比重，在实际工作中，若电解液温度与标准温度相差太多，就必须把某一温度时的比重，换算为30℃时的电解液比重，而后才能用式②来计算蓄电池的放电程度。换算公式如下：

$$d_{30}=d_T+0.0007(T-30) \quad ③$$

式中：d_{30}——30℃时的比重；

d_T——温度为T时测得的比重；

T——测量比重时电解液的温度。

[例1] 假定蓄电池充足电时的比重为1.27，放电若干时间后，电解液温度为30℃时测得其比重为1.23，求放电程度是多少？

解：
$$K\%=\frac{1.27-1.23}{0.01}\times 6\%=24\%$$

[例2] −15℃时测得电解液比重为1.275，换算为30℃时的比重。

解：
$$d_{30}=1.275+0.0007(-15-30)=1.275+0.0007(-45)$$
$$=1.275-0.0315\approx 1.244$$

[例3] 45℃电解液的比重为1.285，换算为30℃时的比重。

解：
$$d_{30}=1.285+0.0007(45-30)=1.285+0.0105\approx 1.296$$

实用中常采用粗略算法，即温度每变化15℃，比重变化0.01。

为了避免计算，附表2中列出了该蓄电池放电程度与30℃时电解液比重的关系。

附表 2　蓄电池放电程度与 30℃ 电解液比重的关系

地　　区	季节	电解液比重（在＋30℃时）			
		充足电时	放电 25％	放电 50％	放完电时
气温在－20℃～30℃的地区	夏	1.26～1.27	1.22～1.23	1.18～1.19	1.13～1.14
	冬	1.28～1.29	1.24～1.25	1.20～1.21	1.15～1.16
气温在－20℃～35℃的地区	夏	1.26～1.27	1.22～1.23	1.18～1.19	1.13～1.14
	冬	1.26～1.27	1.22～1.23	1.18～1.19	1.13～1.14
气温在－5℃～40℃的地区	夏	1.25～1.26	1.21～1.22	1.17～1.18	1.10～1.11
	冬	1.25～1.26	1.21～1.22	1.17～1.18	1.10～1.11

四、蓄电池常见故障及预防

铅酸蓄电池在使用过程中，常见的主要故障有加速自行放电、极板硫化和内部短路。这些故障大部分是由于使用和维护不当造成的。为了延长蓄电池使用时间，保持良好的技术状况，应当了解故障的原因和预防方法，防止发生因使用维护不当而造成的故障。

（一）加速自行放电

铅酸蓄电池的基本功能是蓄存电能，蓄电池在开路状态下，其内部都有放电的现象，使蓄电池容量无益的消耗，此种现象，称为自放电。如果三天内平均每昼夜放电量不超过容量的 1％，称为正常自放电。超过这个数值，叫做加速自放电。加速自放电是一种故障现象，严重时，充足电的蓄电池放置几天后就发动不了发动机。

1. 加速自行放电的原因

1）电解液不纯

如配制电解液的硫酸或蒸馏水不纯，盛装电解液不用塑料、玻璃、瓷质或铅质容器，或有金属落入电池内部，都可以使电解液含有较多杂质。含有杂质的电解液，必然在极板上形成许多局部电池。例如负极板的作用物质（纯铅）上有铜，铅、铜就是局部电池，铜就是正极，铅是负极。电流由铜到铅，经电解液再回到铜。如附图 6 所示，放电过程中，负极板的纯铅逐渐变成硫酸铅，硫酸变成了水，白白消耗了硫酸和活性物质，减少了蓄电池的容量。经试验，如果在电解液中含有 1%的铁，蓄电池在一昼夜间将放完全部电量。

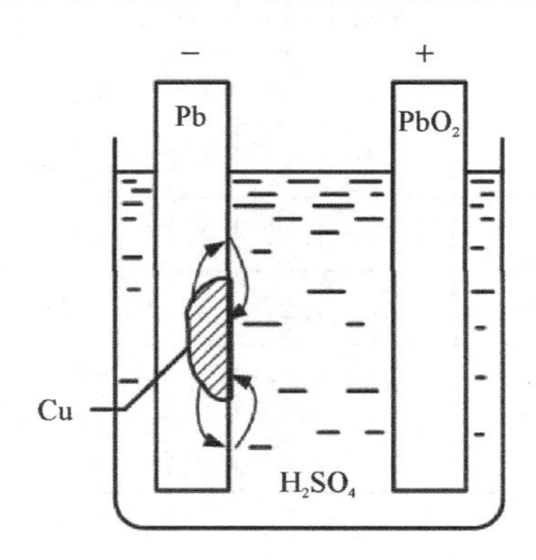

附图 6　局部电池

2）蓄电池外部漏电

蓄电池外部漏电的主要原因是电解液有溢出，蓄电池表面没有擦净，耐酸胶表面的电解液把蓄电池某单格电池的正、负极之间连成通路，以及极柱连接板或接线柱与车体之间连成通路。因此，在后一种情况时，即使电路总开关尚未接通，蓄电池也能向功率不大的耗电装置供给很小的电流。

在坦克上检查蓄电池是否漏电时，可切断电路总开关，按下电压表按钮，指针指示 12 V 以下，说明下组蓄电池有漏电；指针指示 12 V 以上，说明至少上组蓄电池有漏电。

3）蓄电池长期放置形成浓差电池

蓄电池长期放置时，由于硫酸的比重(1.84)比水大。硫酸会沉底，造成极板下部的电解液比重较大，上部比重较小。而蓄电池电动势等于 0.84 加上电解液比重，因此下部电动势大于上部电动势，形成浓差电池而加速自行放电。

2. 预防加速自行放电的方法

(1) 电解液必须严格保持纯净，在使用过程中，不要任意加添井水、河水、自来水，要加纯净的蒸馏水。

(2) 蓄电池表面应保持干燥、清洁。注液口盖要拧紧，尽可能不要使蓄电池倾斜超过 45°，以免电解液溢出，但不要堵塞注液口盖上的通气孔。

(3) 蓄电池长期存放期间，不论是否使用过，每月应以小电流进行一次补充充电，以补偿其容量损失，并使电解液混合均匀，避免极板上部与下部之间产生电位差而加速自行放电。

(二) 极板硫化

蓄电池在正常放电情况下，正、负极板上生成易溶解的硫酸铅，大部分是细结晶(小颗粒晶粒，大小不超过 10^{-3}～10^{-5} cm)的，它在充电时很容易和电解液发生作用，被还原成活性物质。但是，如果使用不当，则完全形成颗粒粗大的硫酸铅，其晶体大小约为 10^{-2} cm，这些颗粒粗大的硫酸铅导电性能差，不易溶解，充电时不能被还原为作用物质，这种情况叫做硫化。使用硫化蓄电池时，电很快就会放完，如果用于起动发动机，起动电动机转动无力，甚至根本不能转动。

1. 硫化的原因

(1) 长期充电不足，或放电后不及时充电的蓄电池，在存放过程中电解液温度变化引起硫酸铅的再结晶，是形成硫化的主要原因。

放过电的蓄电池，极板上在放电中生成的细结晶的硫酸铅，就会有一部分溶解到电解液中，直到饱和为止，并且电解液温度愈高，比重愈大，溶解度就愈大。当温度降低时，电解液中能溶解的硫酸铅减少，多余的硫酸铅就结晶出来，沉附在极板上，变成粗结晶的硫酸铅。由于这种粗结晶的硫酸铅很难溶于电解液，当温度上升时，又有细结晶的硫酸铅溶解到电解液中，温度下降时又在大颗粒的硫酸铅上再次结晶，所以放置时间愈长，温度反复变化次数愈多，粗结晶的硫酸铅层也就愈厚，硫化也就愈严重。

从上述硫化的过程可以看出，硫化的产生主要是因为蓄电池放电后，极板本身具有硫酸铅，这是造成硫化的内因，而温度的变化是促成硫化的外因。

(2) 电解液的液面过低，露出液面的部分极板与空气接触而发生氧化。当电解液沿极板向上渗透，或因蓄电池震动而使电解液上下波动，电解液与极板的氧化部分接触时，也会在极板上部生成颗粒粗大的硫酸铅。

2. 预防硫化的方法

(1) 使蓄电池经常保持在充足电的状态，是预防硫化的根本方法。因此，使用时不要过量放电；放完电的蓄电池应在24小时内送充电间充电。这样，极板上没有硫酸铅，或者即使有硫酸铅而时间不长，再结晶就无从产生或很少产生。

（2）存放蓄电池的地方，温度在5～30℃为宜。

（3）经常检查电解液液面高度，测量方法如附图7所示。

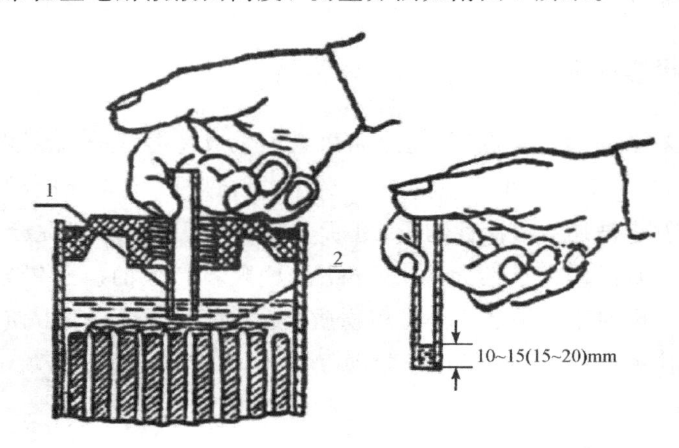

1—玻璃管或透明塑料管；2—保护网。

附图7　电解液液面高度的测量

电解液应高出保护网15～20毫米，不足时应立即加添蒸馏水。只有在确知液面降低是由于电解液泼出而造成的情况下，才准许加添与蓄电池电解液比重相同的电解液，因为蓄电池在工作过程中蒸发出来的只是蒸馏水。

（三）内部短路

蓄电池正、负极板在电解液中发生了不应有的连接的现象，叫做内部短路。内部短路的单格电池用负荷电压差测量时指示为零。装在坦克上的蓄电池，每块应不低于12 V左右，如其中有某个单格电池内部短路时，电压表指示的数值比正常的数值约低2 V。

1. 内部短路的原因

（1）隔板损坏。大电流放电时间过长，或放电电流过大，极板膨胀不均匀，引起极板弯曲，挤坏隔板，使正、负极板相碰接而形成内部短路。

（2）活性物质脱落过多。强烈震动或极板弯曲都会使活性物质脱落；充电电流过大，会产生大量气泡，气泡出来时的张力也会把活性物质冲脱。活性物质脱落过多，堆积于容器底部，使正、负极板连接而形成内部短路。

2. 预防内部短路的方法

（1）禁止长时间强电流放电。

(2) 严防蓄电池外部短路。

(3) 电压调整器的调整电压不要超过 29 V。

(4) 防止蓄电池剧烈震动。

(四) 落后电池和极性反向

如果蓄电池的个别单格电池充电时沸腾慢，放电时电压下降快，达到放电终止电压的时刻比其他单格电池早，这种单格电池称为落后电池。蓄电池的工作能力受落后电池的限制，因为落后电池到达放电终了时，其他完好电池也不能继续使用。

形成落后电池的原因是由于蓄电池个别单格电池发生过短路或漏电等故障，放电较其他单格电池多，剩余容量少，因而充电慢而放电快。此外，如果某次充电结束时，电解液的比重调整不均匀，个别单格电池比重过低，放电能力较差，逐渐形成为落后电池。发现落后电池后，应及时对落后电池单独补充充电。

蓄电池极性反向，有两种原因：一是充电时线路接错，正、负接反，各个单格电池均反向；二是落后电池发展而成的个别单格电池反向。蓄电池放电时，落后电池迅速到达放电终止电压，如果继续放电，落后电池已丧失放电能力，通过它的电流是对它充电，充电电流在落后电池内部由负极流向正极，而使其原负极变为新正极，原正极变为新负极，使其极性反向。个别单格电池极性反向时，不仅失去该电池的 2 V 电压，而且要增加 2 V 以上的反向电压，总共要降低放电电压 4 V 以上，例如 12 V 蓄电池，如有一个单格电池极性反向，电压将下降至 8 V。

五、蓄电池充电

在蓄电池使用中，充电是恢复蓄电池容量和延长蓄电池寿命的重要环节。经常充电不足或长时间剧烈的过充电，都会导致蓄电池早期报废。

充电前，应认真检查蓄电池，然后根据蓄电池的技术状况，采取相应的充电方法。

(一) 电解液的配制

1. 电解液比重(密度)的选择

蓄电池的电解液应由纯硫酸(符合 GB 4554—1984 规定)和蒸馏水配制而成。在冬季不同地区应使用不同的电解液比重。如附表 3 所示。

附表 3　各地区夏冬季电解液比重

地　　区	充足电时电解液比重	
	夏季	冬季
温度变化在－20℃以下的地区	1.26～1.27	1.28～1.29
温度变化在－20℃以下至30℃的地区	1.26～1.27	1.26～1.27
温度变化在－5℃以下至－40℃的地区	1.25～1.26	1.25～1.26

对于新蓄电池，当要求灌入电解液温度在25℃时的比重为1.28，对应该温度下配制的电解液比重可参考附表4，实际使用时，可比表中相应数值适当减小0.01。

对于已用过的蓄电池进行补充电解液时，要根据其技术状况，加蒸馏水。在蓄电池充足电以后，用加注蒸馏水或稀硫酸的方法，把电解液比重调整到附表4所要求的比重值。

附表 4　电解液温度与比重的关系

电解液温度/℃	比　　重	电解液温度/℃	比　　重
55	1.258	5	1.295
50	1.262	0	1.298
45	1.265	－5	1.302
40	1.269	－10	1.306
35	1.273	－15	1.309
30	1.276	－20	1.313
25	1.280	－25	1.317
20	1.284	－30	1.320
15	1.297	－35	1.324
10	1.291	－40	1.328

2. 电解液的配制

（1）电解液必须用纯硫酸和蒸馏水配制，不能用普通的工业硫酸和自来水、井水、河水。在紧急情况下没有蒸馏水时，可以用未与金属容器接触过的干净的雨水或雪水。

（2）配制电解液时，必须使用耐酸容器，如塑料、陶瓷和玻璃等器皿。

(3) 根据所需配制电解液的比重和数量，可根据附表5中所列的硫酸和蒸馏水的体积比和重量比、电解液密度确定数量。

附表5　电解液中硫酸与蒸馏水的配比表

电解液密度/(g/cm³)(20℃)	硫酸与蒸馏水的体积比	硫酸与蒸馏水的重量比	电解液密度/(g/cm³)(20℃)	硫酸与蒸馏水的体积比	硫酸与蒸馏水的重量比
1.10	1∶9.80	1∶6.82	1.21	1∶4.07	1∶2.22
1.11	1∶8.80	1∶5.84	1.22	1∶3.84	1∶2.09
1.12	1∶8.00	1∶5.40	1.23	1∶3.60	1∶1.97
1.13	1∶7.28	1∶4.40	1.24	1∶3.40	1∶1.86
1.14	1∶6.68	1∶3.98	1.25	1∶3.22	1∶1.76
1.15	1∶6.15	1∶3.63	1.26	1∶3.05	1∶1.60
1.16	1∶5.70	1∶3.35	1.27	1∶2.80	1∶1.57
1.17	1∶5.30	1∶3.11	1.28	1∶2.75	1∶1.49
1.18	1∶4.95	1∶2.90	1.29	1∶2.60	1∶1.41
1.19	1∶4.63	1∶2.52	1.30	1∶2.47	1∶1.34
1.20	1∶4.33	1∶2.36	1.40	1∶1.60	1∶1.02

注：表中硫酸密度以1.83 g/cm³(20℃)为准。

(4) 酸水混合：混合时须将硫酸缓缓地注入蒸馏水中，绝对禁止将水注入硫酸中，以防局部产生高温，发生硫酸暴溅，伤害人体。

(5) 搅拌时，必须用塑料或玻璃棒不断搅拌，使其均匀，待温度降至40℃以下时再用水或硫酸调整密度。

(6) 配制好的电解液必须冷却到25℃以下才能灌入蓄电池内。

(7) 配制电解液时，工作人员必须穿戴胶皮围裙、手套、靴子和眼镜，如果不慎将硫酸溅到身上，应立即用水冲洗。

(二) 蓄电池的初充电

为便于存放和运输，新蓄电池容器中不装电解液。凡未经过使用或干燥保存再行使用的蓄电池，启封后进行的第一次充电叫做初充电。初充电的目的是使活性物质得到更好的恢复，提高其容量。

装甲车辆上安装的蓄电池为干荷电式(极板为充电状态)，在加电解液20

分钟后测量其比重，比重不低于原加入时的0.04，则蓄电池不经初充电即可使用；若超过0.04，则按附表6初充电电流充3～5小时再用，若非紧急情况，有充裕的时间，不论比重降低多少，最好先充好电再用。

附表6　初充电电流和充电程序

蓄电池型号	初充电(需要时间)		普通充电			
	电流/A	时间/小时	第一阶段		第二阶段	
			电流/A	时间/小时	电流/A	时间/小时
该型－1	16	2～5	16	6～8	8	10左右
该型－2	16	5	18	6～8	9	10左右

初充电的步骤如下。

(1) 拧下蓄电池上面的注液口盖，并随手将注液口盖上的通气孔薄膜戳破，使通气孔畅通。拿掉注液口内的密封垫片，以后不再使用。

(2) 将已配制好的温度不超过25℃、比重为1.28±0.005(25℃)的电解液，由注液口缓缓地注入蓄电池内，使电解液液面高于内部极板群的保护网10～20毫米。

(3) 注入电解液后，静止2～4小时，静止后电解液液面和比重均降低，再用原电解液调整液面至规定高度。待电解液温度降至35℃以下时，即可进行初充电。

(4) 初充电一般采用定电流充电。即以16 A的充电电流，充电3～5小时即可。

(5)对保存一年以上的蓄电池初充电时，若以16 A充电5小时后，测量电解液比重仍未达到原加入值，则应将电流减小一半，继续充电到电压、比重持续3小时不变为止。

(6) 充电过程中电解液温度不准超过45℃。

(三) 蓄电池的普通充电

蓄电池经过初充电以后的再次充电称为普通充电(或称补充充电)。

1. 充电前的准备工作

(1) 清洁表面。

(2) 拧下注液口盖，检查各单格电池的比重和温度，判断蓄电池的放电程度。把检查结果记入登记本中，将放电程度相近的编为一组，进行充电。

(3) 检查各单格电池的电解液液面高度，如低于标准值，应加注蒸馏水。

(4) 根据蓄电池放电程度分类编组，采用适当的连接方式，接好蓄电池的充电导线。充电设备的电压，每一块蓄电池需 18 V，两块串联充电则需 36 V，以此类推。充电设备的正极接蓄电池的正极，充电设备的负极接蓄电池的负极，绝不能接反。

2. 充电步骤

(1) 按充电机的操作规程起动充电机。

(2) 调整充电机的充电电压和充电电流。

以定电流充电时，先以 16 A 电流充至蓄电池端电压达到 14.4 V 以上，然后再以 8 A 电流继续充到内部电解液产生大量的气泡。电池端电压，在充电末期连续 2～3 小时内变化不大于 0.5 伏/小时，电解液比重升高到规定值后无明显变化时，即认为已充足电。

以定电压充电时，用定电压(14.8±0.05) V 充电。在充电末期连续 2 小时内，充电电流的变化不大于 0.1 A/h，电解液比重无明显变化，同时考虑到温度的影响，就认为蓄电池已充足电。在整充电过程中，电解液温度应在 20～40℃，以中间单格蓄电池的测量为准。

(3) 在充电结束前 0.5～1 小时内，调整电解液比重及液面高度。调整电解液比重至 1.28±0.005(25℃)，液面高度达 25～30 毫米。当比重高于规定值时，可加入蒸馏水；如果比重低于规定值时，加入预先配制好的比重为 1.40 的稀硫酸。比重和液面调整好后，继续充电 0.5～1 小时，以便电解液混合均匀。

(4) 按充电机的操作规程停止充电。

3. 充电后的工作

(1) 拆除连接导线，检查注液口盖的通气孔是否畅通。拧好注液口盖。

(2) 用碱水或 10%的氨水溶液擦拭蓄电池的外部。对长时间存放不用的蓄电池要求极柱上涂一薄层工业凡士林。

该蓄电池的初充电电流和充电程序可参考附表 6。

(四) 小电流充电

蓄电池极板硫化过程是缓慢的，初期不易察觉，一旦发现应从速处理。

有轻微硫化的蓄电池可采用普通充电第二阶段充电电流的一半或更小的电流进行定电流充电，然后再放电，如此反复进行，直至容量恢复正常为止。

硫化较严重的蓄电池，先以普通充电第二阶段充电电流值放电至 10 V 左右，倒出电解液，注入蒸馏水，静置 2～3 小时，使其比重达到 1.05，再按轻微硫化蓄电池的充电方法充电，直至比重不再上升，然后用 2～3 A 放电 1～2 小时，再次进行充电，如此反复几次，直至消除硫化，容量恢复到额定容量的 80％以上为止。

经上述处理后，将电解液比重和液面高度调整到规定值，即可装车使用。

（五）涓流充电

涓流充电一般是对完全充电的蓄电池进行恒定电流为数十毫安至数百毫安的充电，以补偿蓄电池在长期储存过程中的自放电，故也称维护充电或微电流充电。它可使蓄电池经常保持完全充电的状态，预防故障的发生，延长蓄电池寿命和减少保养维护工作量。战备车辆用的蓄电池采用涓流充电储存，可以在紧急情况下立即投入使用。

（六）快速充电

快速充电是相对一般定电流充电而言的，充电时间短，它进行一次补充充电用 1～1.5 小时，而一般性的充电则需 5～14 小时。快速充电效率高、耗电省、总出气量小，是今后的发展方向。

1. 快速充电的基本原理

一般定电流充电，随着充电时间的增长，极板极化加剧，过电位增加，虽然充电电流不变，但蓄电池所接受的电流却越来越小，结果导致电解水加剧，产生大量气体，损坏极板。因此，尽量保持蓄电池有较大的充电接受电流成为快速充电的关键。

充电接受电流是指某一时刻蓄电池的充电电流完全用于充电氧化-还原反应的电流值，要求产生微量气体。实验证明，在一定的条件下，蓄电池的充电接受电流 I_j 是充电时间 t 的函数

$$I_j = I_o e^{-at}$$

式中：I_o——初始充电接受电流；

a——充电接受率，和蓄电池构造及状态有关。

附图 8 即为得出的蓄电池充电接受电流曲线。普通的定电流充电法，开始畜电池能接受较大的电流，随着充电时间的增长，充电接受电流按指数规律下降，充电电流会大于充电接受电流。多出的这部分电流实际电解成了水，产生气体和热量，对蓄电池不利。它又不能改变充电接受电流的规律，充足电需要很长的时间。

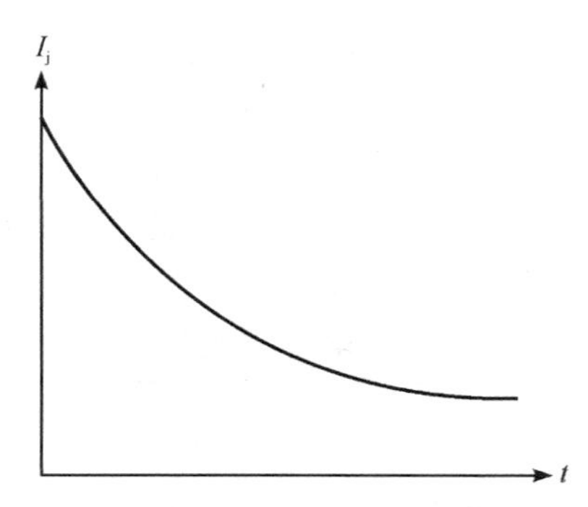

附图 8　充电接受电流和充电时间的关系

要想缩短充电时间，即实现快速充电，必须打破蓄电池充电接受电流的规律，使它保持较大的充电接受电流。事实上，充电接受电流取决于电池放出的电量，或放出的电量与额定容量的比值及放电电流。在充电过程中，插入短时间的放电，再进行充电，充电接受电流会提高，也不致造成蓄电池容量的显著损失。

由蓄电池反应原理知，充电电流越大，极化越严重，较高的过电位使气体容易析出。充电过程中以一定的电流放电，就降低了极化，减小了过电位，使得在大电流下充电端电压不过高，气体不易析出。这就打破了电池按指数曲线的电流自然接受特性，使蓄电池能够接受大电流充电，从而加速了充电速度。充电过程中的短暂放电实质就是去极化的过程。

2. 快速充电的方法

根据上述原理，快速充电的方法为，在大电流充电中进行短暂的停充，在停充中加入放电脉冲，其波形如附图 9 所示。例如采用大电流(如瞬时最大充电电流值为 2Q)充电，当蓄电池端电压达到一定数值(低于出气点的电压)时，停止充电，停顿一段时间(如 10～20 ms)后，以小电流(如 0.1Q，脉宽 10 ms)放电，在放电后停顿一段时间(如 30 ms)后，进行电动势检测，如果尚未降到一定数值，再进行一次放电，如果已降至一定数值，则转回充电工作状态。如此循环，直至充满后为止。

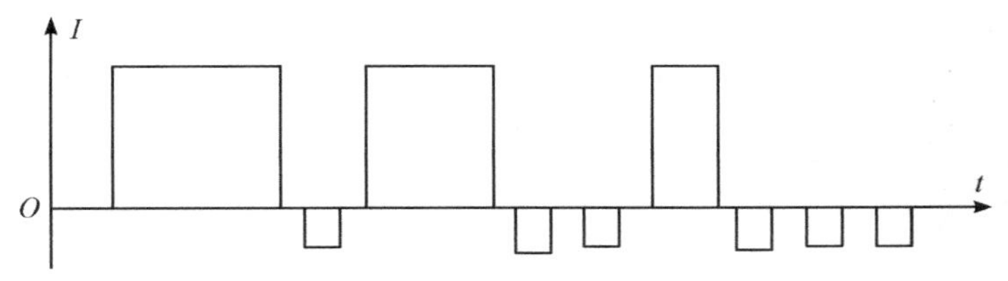

附图 9　蓄电池放出的电量和放电时间波形图

由附图 9 可知，放出的电量和放电时间比充入的电量和充电时间要少得多。但充电接受电流却得到很大提高，因而充电速度加速。

附表 7 为快速充电与常规充电的比较，由此看出快速充电具有很多优点，但快速充电瞬时电流较大，瞬时出气量也大，温升高，对蓄电池寿命有一定的影响，寿命循环次数相对较低。

附表 7　快速充电与常规充电的比较表

项　　目		充 电 方 式	
		快速充电	常规充电
充电时间	初充电/小时	5～10	60～70
	补充充电/小时	＜1.5	5～14
	维护充电/小时	1.5～5	＞15～24 小时
出气量		快速充电为常规充电出气量的 1/5～1/10	
瞬时出气率/(mL/min)		较高	较小
容量效率		较高	较低
耗电		快速充电比常规充电节电 10%～40%	
温升		稍高	稍低
寿命循环数/次		340	460

参 考 文 献

[1] Crompton T R, Crompton T P J. Battery Reference Book[M]. 3rd ed. MA: Reed Educational and Professional Publishing Ltd, 2000.

[2] SENGUPTA U, MEGAHED S, HOMA A, et al. Reusable alkaline battery system from Rayovac(Renewal)[C]. Proceedings of WESCON' 94. United States: Institute of Electrical and Electronics Engineers, 1994: 249 - 255.

[3] 甄红涛，张勇，雷正伟，等. 装备电池使用手册[M]. 西安：西安电子科技大学出版社，2020.

[4] 宋清山. 镉镍电池的发展及用途[J]. 家用电器，2000(10)：37 - 38.

[5] STURM F. Secondary Batteries-Silver-ZincBattery [M]. Boston: Springer, 1981: 407 - 419.

[6] 夏天. 大功率锌银蓄电池锌电极性能研究[D]. 天津：天津大学，2012.

[7] 邵勤思，颜蔚，李爱军，等. 铅酸蓄电池的发展、现状及其应用[J]. 自然杂志，2017(4)：258 - 264.

[8] 石彩云. 电池竞赛中的三个领跑者[J]. 经营者，2018(11)：4 - 5.

[9] 韩甜. 电池发展道路探析及发展方向[J]. 科技创新导报，2017，14(12)：2 - 3.

[10] 俞海洋. 用于钠离子电池的三维硫化钼负极[D]. 苏州：苏州大学，2021.

[11] PONROUCH A, GOÑI A R, PALACÍN M R. High capacity hard carbon anodes for sodium ion batteries in additive free electrolyte [J]. Electrochemistry Communications, 2013, 27: 85 - 88.

[12] 李慧，吴川，吴锋，等. 钠离子电池：储能电池的一种新选择[J]. 化学学报，2014(01)：21 - 29.

[13] SKYLLAS-KAZACOS M, RYCHCIK M, ROBINS R G, et al. New All-Vanadium Redox Flow Cell [J]. Journal of The Electrochemical Society, 1986, 133(5): 1057 - 1058.

[14] 王绍亮. 铁铬液流电池电解液优化研究[D]. 合肥：中国科学技术大学，2021.

[15] ZHANG H, LU W, LI X. Progress and perspectives of flow battery technologies[J]. Electrochemical Energy Reviews, 2019, 2: 492-506.

[16] 陈景贵. 跨入新世纪的中国新型绿色电池工业[J]. 电源技术, 2000, 24(1): 1.

[17] 熊铂. 金属空气电池多孔阴极内部传质特性研究[D]. 哈尔滨: 哈尔滨工业大学, 2021.

[18] 钟俊辉. 燃料电池及其材料的发展[J]. 材料导报, 1994, 8(1): 22-23.

[19] HSAVOLD Q, JOHANSEN K H. The alkaline aluminium/hydrogen peroxide power source in the Hugin II unmanned underwater vehicle [J]. Journal of Power Sources, 1999, 80: 254-255.

[20] 陈宝东. 金属-空气电池设计依据[J]. 摩托车技术, 2001(9): 22-23.

[21] 唐有根, 黄伯云, 卢凌彬, 等. 金属燃料电池[J]. 物理, 2004(2): 85-89.

[22] LI H, YIN H, WANG K, et al. Liquid metal electrodes for energy storage batteries[J]. Advanced Energy Materials, 2016, 6(14): 1600483-1600484.

[23] WANG K, JIANG K, CHUNG B, et al. Lithium-antimony-lead liquid metal battery for grid-level energy storage[J]. Nature, 2014, 514(7522): 348-350.

[24] XU J, MARTINEZ A M, OSEN K S, et al. Electrode behaviors of Na-Zn liquid metal battery[J]. Journal of the Electrochemical Society, 2017, 164(12): A2335-A2340.

[25] ASHOUR R F, YILL H, OSEN K S, et al. Communication-molten amide-hydroxide-iodide electrolyte for a low-temperature sodium-based liquid metal battery[J]. Journal of The Electrochemical Society, 2017, 164(2): A535-A537.

[26] 黎朝晖, 张坤, 王康丽, 等. 液态金属电池研究进展[J]. 储能科学与技术, 2017, 6(5): 9-10.

[27] KIM H, BOYSEN D A, NEWHOUSE J M, et al. Liquid metal batteries: past, present, and future[J]. Chemical Reviews, 2012, 113(3): 2075-2099.

[28] 庞志成, 王越. 燃料电池的进展及应用前景[J]. 化工进展, 2000(3): 33-37.

[29] 卓小龙. 一体式可再生质子交换膜燃料电池膜电极研究[D]. 上海：上海交通大学，2013.

[30] 陈军，陶占良，苟兴龙. 化学电源：原理、技术与应用[M]. 北京：化学工业出版社，2006.

[31] 管从胜，杜爱玲，杨玉国. 高能化学电源[M]. 北京：化学工业出版社，2005.

[32] BORENSTEIN A, HANNA O, ATTIAS R, et al. Carbon-based composite materials for supercapacitor electrodes: a review [J]. Journal of Materials Chemistry A, 2017, 5: 12653-12672.

[33] WEI L, TIAN K, ZHANG X Y. 3D Porous Hierarchical Microspheres of Activated Carbon from Nature through Nanotechnology for Electrochemical Double-Layer Capacitors[J]. ACS Sustainable Chemistry and Engineering, 2016, 4(12): 6463-6472.

[34] LI J, WANG Y W, XU W N, et al. Porous Fe_2O_3 nanospheres anchored on activated carbon cloth for high-performance symmetric supercapacitors[J]. NANO ENERGY, 2019, 57: 379-387.

[35] LIU Q F, QIU J H, YANG C, et al. High-performance textile electrode enhanced by surface modifications of fiberglass cloth with polypyrrole tentacles for flexible supercapacitors[J]. International Journal of Energy Research, 2020, 44(11): 9166-9176.

[36] LUO JY, CUI WJ, HE P, et a1. Raising the cycling stability of aqueous lithium-ion batteries by eliminating oxygen in the electrolyte [J]. Nature Chemistry, 2010, 2(9): 760-765.

[37] WANG K, JIANG K, CHUNG B, et al. Lithium-antimony-lead liquid metal battery for grid-level energy storage[J]. Nature, 2014, 514 (7522): 348-350.

[38] SPOTNITZ R, MULLER R. Simulation of abuse behavior of lithium-ion batteries[J]. Electrochemical Society Interface, 2012, 21(2): 57-60.

[39] 李东江. 锂离子电池老化机理的实验与理论研究[D]. 厦门：厦门大学，2016.

[40] GUO Y L, TANG S Q, MENG G, et al. Failure modes of valve-regulated lead-acid batteries for electric bicycle applications in deep discharge[J]. Journal of Power Sources, 2009, 191(1): 127-133.

[41] BOUABIDI A, AYADI S, KOSSENTINI M, et al. Cycling performances and failure modes for AGM and standard flooded lead acid batteries under partial state of charge mode[J]. Journal of Energy Engineering, 2016, 142(3): 1-7.

[42] 刘元山. 阀控免维铅酸电池的失效原因及恢复方法[J]. 航天工艺, 2000(2): 45-48.

[43] 吴峰峰, 王楠, 丁鹤鸣. 装备中的蓄电池检测和维护[J]. 气象水文海洋仪器, 2015, 32(3): 109-112.

[44] 葛先雷. 锂电池可充电特性分析及锂电池维护[J]. 网友世界, 2013(2): 42-43.

[45] 郝向伟. 浅谈镉镍电池的使用和维护[J]. 农村电工, 1997(10): 13.

[46] 姜增铭. 如何正确使用和维护镉镍电池[J]. 一重技术, 2002(1): 81.

[47] 夏远飞. 锌银蓄电池失效分析及预防措施[J]. 通信电源技术, 2014, 31(1): 53-56.

[48] 任英姿, 章杰. 国内外镉镍蓄电池和铅酸电池市场发展动态[C]. 第二十三届全国化学与物理电源学术会议论文集. 北京: 中国电子学会, 1998: 186-187.

[49] 陈有卿. 简易镉镍蓄电池充电器[J]. 电气时代, 1988(6): 20-21.

[50] 申民常, 张静, 张勇. 无人机用锌银蓄电池组充放电器的设计与实现[J]. 河南机电高等专科学校学报, 2019, 27(4): 11-15.

[51] 黄波, 常金达, 丁浩. UUV锌银动力蓄电池的使用技术研究[J]. 数字海洋与水下攻防, 2020, 3(4): 345-349.

[52] 夏天. 大功率锌银蓄电池锌电极性能研究[D]. 天津: 天津大学, 2012.

[53] 周洁敏. 飞机电气系统原理和维护[M]. 北京: 北京航空航天大学出版社, 2015: 26-66.

[54] 梁翠凤, 张雷. 铅酸蓄电池的现状及其发展方向[J]. 广东化工, 2006, 33(2): 4-6.

[55] 吴憩棠, 安富强. 锂离子蓄电池的未来发展方向[J]. 汽车与配件, 2011(5): 14-18.

[56] 汪伟伟, 丁楚雄, 高玉仙, 等. 磷酸铁锂及三元电池在不同领域的应用[J]. 电源技术, 2020, 44(9): 1383-1386.

[57] 全国铅酸蓄电池标准化技术委员会. 铅酸蓄电池名称、型号编制与命名办法: JB/T 2599—2012[S]. 北京: 机械工业出版社, 2012: 2-3.

[58] 苑凯. 三元锂离子电池状态估计及管理系统技术研究[D]. 汕头：汕头大学，2021.

[59] 孟彦京，李双双，莫瑞瑞. 一种铅酸蓄电池充放电效率测试装置及其方法 [J]. 电源技术，2019，43(10)：1701－1704.

[60] 邹剑坤. 铅酸蓄电池维护及修复方案的研究[J]. 上海铁道科技，2015(1)：45－46.

[61] 聂永涛，赵庆松，巨泽旺. 汽车铅酸蓄电池自行放电原因分析及预防[J]. 汽车工程师，2012(12)：25－26.

[62] 苗庆山. 镉镍蓄电池的使用[J]. 化工设备与防腐蚀，2001(2)：59－64.

[63] 孟宪臣. 锌银蓄电池[M]. 北京：人民邮电出版社，1982.

[64] 王俊龙. 密封铅酸电池的使用和维护[J]. 黑龙江科技信息，2015(31)：103－104.

[65] 张兴肇. 干电池使用要得法[J]. 科学 24 小时，1981 (1)：47－48.

[66] 胡旭，樊霈，李诚. 一种铅酸蓄电池 SOC 估计方法[J]. 船电技术，2022，42(10)：98－100.

[67] 李先锋，张洪章，郑琼，等. 能源革命中的电化学储能技术[J]. 中国科学院院刊，2019(4)：443－449.

[68] 温术来，李向红，孙亮，等. 金属空气电池技术的研究进展[J]. 电源技术，2019，43(12)：2048－2052.

[69] 袁治章，刘宗浩，李先锋. 液流电池储能技术研究进展[J]. 储能科学与技术，2022(9)：2944－2958.

[70] 侯明，衣宝廉. 燃料电池技术发展现状与展望[J]. 电化学，2012，18(1)：13.

[71] 刘亚楠.《固定式液流电池能源系统性能通用要求和测试方法》国际标准解读[J]. 电器工业，2022(4)：19－22，26.

[72] 孙思男，郝正航. 基于电压电流双环控制的蓄电池并网研究[J]. 电子科技，2023，36(2)：19－21.

[73] 杨玉. 锂电池正极材料二硫化铁的水热合成及其电化学性能研究[D]. 天津：河北工业大学，2009.

[74] 朱家辰. 全固态锂电池技术研究现状和发展趋势[J]. 通信电源技术，2022，39(8)：26－28.

[75] 陈华. 碱性二次锌电极活性物质的制备及电化学性能的研究[D]. 杭州：浙江大学，2004.

[76] 刘蓉芳. 锂离子电池负极材料 TiO_2 纳米管阵列和 TiO_2@Si 薄膜的制备及电化学性能研究[D]. 天津：南开大学，2023.

[77] 洪泉. 天然微晶石墨用作锂离子电池负极材料的研究[D]. 长沙：湖南大学，2023.

[78] 秦改，张海燕. 一种超级电容器复合电极材料的制备方法：中国 CN201710025776.2[P]. 2017-06-13.

[79] 杨则恒，倪玉龙，梅周盛，等. 基于废旧锂离子电池正极材料 $LiMn_2O_4$ 制备 MnO_2 及其电化学性能[J]. 化工学报，2011，62(11)：3276-3281.

[80] T. J. 富勒，L. 邹，M. R. 谢内维斯，等. 聚合电解质膜中的橡胶裂纹缓和剂：中国，CN 201310114312[P]. 2017-06-20.

[81] 滕瑛巧，王星乔，于淑儿，等. 基于诺贝尔奖成果发展史的电化学复习——以"锂电池的昨天、今天和明天"为例[J]. 化学教学，2020(8)：53-59.

[82] 黄国良. 超级电容器内阻测量方法研究[D]. 长沙：湖南师范大学，2019.

[83] 胡建. 一种小型低相噪恒温晶体振荡器的设计[D]. 成都：电子科技大学，2010.

[84] 蒋丽. 汽车产业对经济发展的影响研究[J]. 汽车工业研究，2006(9)：2-7.

[85] 全国碱性蓄电池标准化技术委员会. 含碱性或其它非酸性电解质的蓄电池和蓄电池组便携式密封蓄电池和蓄电池组的安全性要求：GB/T 28164—2011[S]. 北京：中国国家标准化管理委员会，2011：1-20.

[86] 全国碱性蓄电池标准化技术委员会. 含碱性或其它非酸性电解质的蓄电池和蓄电池组 便携式锂蓄电池和蓄电池组：GB/T 30426—2013[S]. 北京：中国国家标准化管理委员会，2013：1-26.

[87] 刘烨，郑燕萍，孙伟明，等. 电动汽车电池技术发展综述[J]. 机械制造与自动化，2016，45(4)：56-58.

[88] 曹林，李泓，孙传灏，等. 锂电池术语(草案)[J]. 储能科学与技术，2018，7(1)：148-153.

[89] 高永辉，叶健. 国家军用标准 GJB 2725A—2001 修订的特点及变化[J]. 医疗卫生装备，2002，23(6)：40-52.

[90] 孙华明. 充电电池基本知识及应用维护[J]. 电脑知识与技术(IT 认证考试)，2004(12)：59-60.

[91] 盖利刚，班青，马晓娟，等. 一种基于表面化学修饰的正极材料的锂电池：CN1083900 93 A. [P]. 2018－08－10.

[92] 常浩，刘浩勇，代世磊. 电解液中碳酸盐含量对铁镍电池的影响[J]. 河南化工，2019，36(9)：46－48.

[93] 鲍慧，于洋. 基于安时积分法的电池 SOC 估算误差校正[J]. 计算机仿真，2013，30(11)：148－151，159.

[94] 宋大千，张寒琦. 仪器分析例题与习题[M]. 北京：高等教育出版社，2014.

[95] 乐鹏飞，宋雪康，张明跃. 船用锂电池组管理系统研究[J]. 企业技术开发(学术版)，2012(10)：23－24.

[96] 苗壮. 动力锂离子电池动态特性研究及 SOC 估算[D]. 哈尔滨：哈尔滨工业大学，2017.

[97] 康春建，刘强，张章，等. 一种铅酸蓄电池 SOC 估计方法：中国，CN202110284147. 8[P]. 2021－08－06.

[98] 王雪朕，何丽华，孙云东. GB/T 36972—2018《电动自行车用锂离子蓄电池》的解读与分析[J]. 电池工业，2020(4)：206－210.

[99] 赵伟，闵婕，李章溢，等. 基于一致性模型的梯次利用锂离子电池组能量利用率估计方法[J]. 电工技术学报，2021，36(10)：2190－2198.

[100] 王珑，潘光和，张金辉，等. 一种锂离子电池隔膜及其制备方法：中国，CN201410359128.7[P]. 2016－03－02

[101] 鲁南，欧阳权，黄俍卉，等. 基于注意力机制和多任务 LSTM 的锂电池容量预测方法[J]. 电气工程学报，2022，17(4)：41－50.

[102] 董廷广. 密封铅酸蓄电池的充放电特性[J]. UPS 应用，2007(9)：49－50.

[103] 杨永清，牛智强. 浅析铅酸蓄电池的充放电过程[J]. 移动电源与车辆，2004(4)：37－39.

[104] 王骥，黄慧，甘乐，等. 手机锂电池充放电过程的研究[J]. 大学物理实验，2009，22(4)：30－33，36.

[105] 魏绍明，孙林辉，夏仲华，等. 铅酸蓄电池充放电的要求及其维护措施分析[J]. 电力系统装备，2020(20)：106－108.

[106] 王勇，卢慧，景中炤. 谐波对高频开关电源的影响分析及防范[J]. 电源世界，2009(5)：52.

[107] 周朝阳. 基于 FPGA&NIOSⅡ的电池充电均衡系统研究[D]. 成都：西南交通大学，2008.

[108] 周志敏. 浅析蓄电池的充放电特性(二)[J]. 电源世界，2004(10)：66-69.

[109] 林妙山，王玉群. 汽车电气设备结构与检修[M]. 北京：化学工业出版社，2009.

[110] 裴晓泽. 大功率锂离子蓄电池充放电系统的研究[D]. 北京：北京交通大学，2008.

[111] 孙浩然. 日本新能源汽车产业发展分析[D]. 长春：吉林大学，2011.

[112] 赵慧. 基于太阳能电动车充电控制系统的研究[D]. 广州：广东工业大学，2005.

[113] 李加存. 阀控密封铅酸蓄电池的使用维护[J]. 电力设备，2005，6(11)：75-77.

[114] 黄辉. 锂电池的安全管理及事故防范措施研究[J]. 工业技术与职业教育，2023，21(2)：25-28.

[115] 黄波，常金达，丁浩. UUV 锌银动力蓄电池的使用技术研究[J]. 数字海洋与水下攻防，2020，3(4)：345-349.

[116] 刘波. 混合动力汽车用镍氢电池存储及性能衰减研究[D]. 重庆：重庆大学，2015.

[117] 秦覃. 锂电池自放电率检测系统设计与实现[D]. 苏州：苏州大学，2009.

[118] 化山. 镍镉，镍氢电池快速充电器[J]. 实用电子文摘，1996(9)：44-45.

[119] 刘冉冉.《固定式电子设备用锂离子电池和电池组 安全要求》预计 2017 年报批[J]. 信息技术与标准化，2016(4)：9.

[120] 中国电子技术标准化研究院. 便携式电子产品用锂离子电池和电池组安全要求：GB 31241—2014[S]. 北京：中国标准出版社，2014：1-44.

[121] 吴孟俊，韦中乐，程亮，等. 动力锂电池测试标准的研究及应用[J]. 电源技术，2015，39(10)：2087-2089，2136.

[122] 唐琛明，王兴威，沙永香，等. 动力型 18650 锂离子电池的过充电性能[J]. 电源技术，2007，31(11)：885-887，892.

[123] 吕强. 全密封镉镍蓄电池失效分析[J]. 电源技术，2014，38(9)：1692-1694.

[124] 王其钰，王朔，周格，等. 锂电池失效分析与研究进展[J]. 物理学报，2018，67(12)：128501.

[125] 马晓玲. 锂离子电池研究现状[J]. 科技资讯，2012(17)：240.

[126] 电力行业高压开关设备标准化技术委员会. 电力系统用蓄电池直流电源装置运行与维护技术规程：DL/T 724—2000[S]. 北京：中国电力出版社，2000：1-23.

[127] 杨俊，刘皓，陈凯伦，等. 铅炭电池正极失效行为研究[J]. 高电压技术，2018，44(7)：2247-2253.

[128] 郑华. 锂离子电池、锂聚合物电池的使用及保养[J]. 现代通信，2003(6)：37-39.

[129] 刘洛丽. 镉镍碱性蓄电池的运行与维护[J]. 石油化工安全技术，2001，17(1)：18-22.

[130] 谭义勇. 浅析磷酸铁锂电池[J]. 信息记录材料，2019，20(6)：50-51.

[131] 杨俊，胡晨，汪浩，等. 铅酸电池失效模式和机理分析研究进展[J]. 电源技术，2018，42(3)：459-462.

[132] 李伟，习小明，湛中魁，等. 水热法制备锂离子电池正极材料 $LiFePO_4$ 及其性能研究[J]. 矿冶工程，2011，31(1)：88-91.

[133] 全国铅酸蓄电池标准化技术委员会. 民用铅酸蓄电池安全技术规范：GB/T32504—2016[S]. 北京：中国标准出版社，2016：1-12.

[134] 杨爱民. 铅酸蓄电池的失效模式及其修复方法[J]. 电动自行车，2009(7)：44-47.

[135] 吉岭俊文，佐佐木健浩，藤森智贵. 阀控式铅酸蓄电池：中国，CN03816523.6[P]. 2008-08-27.

[136] 郭凯. 基于模型的锂离子电池 SOC 估计研究[D]. 北京：北京工业大学，2013.

[137] 中商产业研究院. 中国动力电池回收产业发展前景研究报告[J]. 电器工业，2018(11)：21-31.